低压配电台区线损排查治理

——五步法

DIYA PEIDIANTAIQU XIANSUN
PAICHA ZHILI WUBUFA

国网河南省电力公司电力科学研究院计量中心 组编

U0385413

中国电力出版社
CHINA ELECTRIC POWER PRESS

内 容 提 要

本书将配电网低压台区线损排查治理总结为系统分析、工单派发、现场核查、问题处理、监控考核五个步骤（简称"五步法"）。低压台区线损的分析和排查治理是供电公司经营工作的重要任务之一，通过线损排查治理提高线损准确计算率、线损合格率从而达到降损目的。本书对电网公司进一步加强台区线损精益化管理，全面做好台区技术和管理降损工作具有实际指导意义。

本书可供各级线损管理人员、台区负责人参考阅读，能帮助其快速排查、定位、解决异常问题，具有较强的实用性和操作性。

图书在版编目（CIP）数据

低压配电台区线损排查治理：五步法/国网河南省电力公司电力科学研究院计量中心组编. —北京：中国电力出版社，2018.10（2022.9 重印）

ISBN 978-7-5198-2579-9

Ⅰ．①低…　Ⅱ．①国…　Ⅲ．①低压配电–配电装置–故障修复

Ⅳ．①TM642

中国版本图书馆 CIP 数据核字（2018）第 241104 号

出版发行：中国电力出版社

地　　址：北京市东城区北京站西街 19 号（邮政编码 100005）

网　　址：http://www.cepp.sgcc.com.cn

责任编辑：邓慧都（010-63412636，379595939@qq.com）

责任校对：黄　蓓　郝军燕

装帧设计：张俊霞

责任印制：石　雷

印　　刷：三河市万龙印装有限公司

版　　次：2018 年 10 月第一版

印　　次：2022 年 9 月北京第四次印刷

开　　本：880 毫米×1230 毫米　32 开本

印　　张：4.875

字　　数：122 千字

印　　数：4001—4500 册

定　　价：35.00 元

前　言

　　作为智能电网建设的重要组成部分，国家电网有限公司在"十二五"期间全面推进了用电信息采集系统建设，这是国家电网有限公司推进"两个转变"和建设坚强智能电网的必然选择，也是加强精益化管理，提高优质服务水平的必要手段。"十三五"期间，用电信息采集系统的全面深化应用将推动电力营销管理模式发生前所未有的变革。

　　近年来，随着电力载波（窄带/宽带）、微功率无线、以太网通信、GPRS/3G/4G、NB-IoT等技术的不断发展和各种采集设备等硬件的不断成熟，用电信息采集系统通信的稳定性和电量等参数采集的可靠性大幅提升，为其在降损增效等方面的深化应用提供了充分的技术保障。

　　降低线损是供电企业挖潜增效极为有效的手段。供电企业在正常供售电的基础上通过降低线损带来的售电收入的增加是其营业的"纯利润"，降损带来的是"真金白银"，带来的是企业的直接经济效益。通过降损也进一步加强了户变关系、用户档案信息等营业基础管理，进一步规范了表计更换等业务流程。

　　线损率是公司经营业绩的重要技术经济指标。因此各级供电公司必须采用各种有效的管理和技术手段来降低线损，进而达到节约能源、降低损耗、增加效益目的。低压台区线损的分析和排查治理是供电公司经营工作的重要任务之一，通过线损排查治理提高线损准确计算率、线损合格率从而达到降损目的。

　　本书根据基层单位工作人员在台区线损排查治理过程中遇到的问题以及解决问题的方法进行提炼总结编写而成，本书将配电网低压台区线损排查治理总结为五个步骤分别是系统分析、工单派发、现场核查、问题处理、监控考核（称"五步法"），也是本书编写的主要内容。本书可供各级线损管理人员、台区负责人参考阅读，能帮助其快速排查、定位、解决异常问题，具有较强的实用性和操作性。本书对电网公司进一步加强台区线损精益化管理，全面做好台区技术和管理降损工作具有实际指导意义。

　　由于水平、能力所限，书中仍有诸多不足之处，恳请各位读者和专家不吝指正，我们也将在实践中不断丰富、完善相关内容。

编　者

2018 年 8 月

目 录

第三篇 案例分析

第一篇

"五步法" 总论

配电网低压台区线损是体现供电企业经营管理水平的一项重要指标,线损排查治理也是其中的一项重点工作。台区线损管理是以采集全覆盖为依托,以供电量、用电量同步采集为基础,以台区线损指标和精准降损为重点,从完善管理体系、还原真实数据、夯实基础台账出发,以"小指标、日监测"为抓手,逐渐倒逼问题出现,逐步消缺,进一步完善机制,理顺流程,明确责任,提质增效,有效提升台区线损管理水平和公司经营效益。

　　开展配电网低压台区线损排查治理工作能够有效提升低压台区配电网线损专项指标,将线损指标控制到合理范围内。配电网低压台区线损排查治理提炼总结为五个步骤,分别是系统分析、工单派发、现场核查、问题处理、监控考核,简称"五步法"。"五步法"采用"闭环管理"的理念,形成跟踪管控机制,"五步法"工作流程与闭环示意分别如图 1−1 和图 1−2 所示。

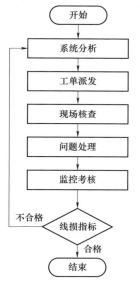

图 1−1 "五步法"工作流程

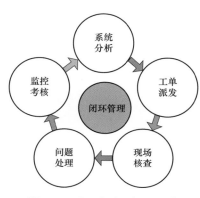

图 1−2 "五步法"闭环示意

【第一步】系统分析

对目标台区在电力用户用电信息采集系统（简称"采集系统"）和电力营销业务应用系统（简称"营销系统"）中的用户档案、电量数据等进行比对分析，排查出疑似问题用户。主要包括以下六个方面。

一、比对台区计量点档案一致性

在采集系统中导出目标台区所有用户信息明细，与营销系统用户信息进行核对。核对目标台区计量点数量是否一致，提取不一致用户的信息，初步分析不一致的原因，以备现场核查。

（一）营销系统计量点多于采集系统

智能电能表未全覆盖的台区在营销系统中存在非智能电能表、智能电能表全覆盖的台区营销与采集系统用户档案未进行同步，造成营销系统计量点个数多于采集系统。

（二）营销系统计量点少于采集系统

目标台区挂接关系错误造成营销系统计量点个数少于采集系统。

二、筛选零电量用户

结合营销月发行电量与采集日、月用电量核查出零电量用户，筛出明细，以备现场核查。

三、筛选电量示值为空的用户

（一）直抄及预抄

在采集系统中对未抄通用户的实时数据和日冻结数据进行直抄及预抄，核实是否能抄回。

（二）核查示值状态

若为"未下发测量点"，可通过重新下发参数继续获取数据，对抄表失败用户的实时数据进行直抄，保存入库；若为"未分析"，需联系后台处理；若为"异常"，需通过采集系统计量装置在线监测功能进行分析处理。

（三）核对表计时钟是否正确

在采集系统中进行时钟召测，查看时钟时间是否正确，若不正确则在采集系统中远程校时，远程校时不成功则进行现场校时［因2009版国网智能电能表（资产编号010开头）无法校时，出现时钟故障须更换电能表］。

四、核对台区总表和三相表

比对采集和营销系统中互感器综合倍率是否一致；在采集系统中通过"基础数据查询"查看目标台区总表电压、电流曲线是否正常，重点关注是否存在失压、失流，核查目标台区三相表存在反向有功电量的用户。筛出明细，以备现场核查。

五、筛选"采集点多台区"清单

在采集系统中核查出"采集点多台区"情况，提取采集点下所有用户信息，为现场核查是否存在台区用户挂接关系错误等档案异常情况做好准备。

六、筛查电能表开表盖事件

筛查存在"电能表开盖事件"的用户明细，以备现场核查。

【第二步】工单派发

按期（月度）对台区综合线损率等指标进行系统分析，根据系统分析提供的台区异常线损明细，例如，高损台区、负损台区、线损不可计算台区等，在采集运维闭环管理系统（简称"闭环系统"）中生成线损异常工单，派发至相关单位的责任人。

一、工单生成

闭环系统中的线损异常工单主要根据在系统中设定的"异常工单生成规则",对线损异常台区明细进行筛选,在系统中自动生成。市县公司也可根据线损治理的工作需求,在闭环系统的专项工作管理模块中手工创建。

二、工单派发

采集监控人员根据系统分析情况进行工单派发。

【第三步】现场核查

一、核查台区考核计量装置

现场核对目标台区总表、集中器、互感器信息是否与采集系统内信息一致;排查计量箱安装是否规范,"三封一锁"("三封"指互感器、接线盒、电能表的封印,"一锁"指计量箱锁具)是否到位;检查台区总表液晶屏显示的基本参数是否正常,按键循显电压值、电流值、电量(重点检查是否存在"反向有功电量""零电量")和时钟等是否正常。

二、排查挂接关系

台区—用户挂接关系的排查分两种情况:对于架空线路,可根据低压线路图和计量箱分布图,沿线路走向对所有低压用户进行逐户排查;对于电缆线路,可根据低压电缆线路图和计量箱分布图,通过台区识别仪进行挂接关系识别。排查用户计量装置信息与营销、采集系统档案信息是否一致,核实实际挂接关系与采集系统是否一致,若挂接关系错误,则调整营销系统中户变关系,并同步至采集系统。

三、排查采集失败用户

根据派发的采集失败工单，现场排查电能表载波模块、时钟等运行是否正常，排查采集终端 RS-485 接线是否正确、采集终端与电能表的通信距离是否符合要求，排查台区户变关系、电能表、终端档案与系统是否一致。

四、排查"黑户"和"虚户"

现场排查已装表用电但营销系统没有建立相应档案资料的用电客户即确认为"黑户"；根据营销系统档案信息现场排查无运行表计即确认为"虚户"。

五、排查大电量用户

根据系统中筛查出的大电量用户明细，现场检查计量装置外观是否完好，接线是否正确、牢固；检查电能表液晶屏显示的基本参数是否正常；按循显键电压值、电流值、电量（重点检查是否存在反向有功电量、"零电量"）、时钟等是否正常；核查互感器变比与系统倍率是否一致。

六、排查窃电用户

检查计量装置外观、表封、合格证是否完好无损，初步确定目标用户；根据采集系统查出的电能表开盖记录或现场采用手持终端读取开盖记录事件，比对目标用户实际负荷电流与表计计量电流值是否一致，判断是否存在窃电嫌疑。

【第四步】问题处理

由线损主管部门协调督办，由台区责任单位（责任人）根据现场核查发现的问题逐条进行整改，限时办结。

一、台区考核计量装置整改

根据现场核查发现的台区考核电能表、集中器、互感器、计量箱、封印等方面的问题，逐项进行整改。

二、挂接关系调整

对于现场核查发现挂接关系错误的情况，在确认实际挂接关系后，应及时在营销系统中将用户档案调整至正确台区（实际供电台区）。

三、采集失败用户处理

根据现场排查中发现的电能表、载波模块、采集终端、RS-485接线、通信通道、档案等方面的问题，采取更换电能表或载波模块等有针对性的措施及时处理。对于在采集系统中执行时钟校时、参数下发仍无法抄回数据的情况，应在闭环系统中派发补抄工单，持掌机现场进行校时并补抄数据；若掌机补抄失败，则现场进一步排查处理。

四、"黑户"和"虚户"处理

对现场排查的非智能电能表"黑户"应立即换装为智能电能表（当天换装、当天归档、当天调通），并追补电量；对现场排查的智能电能表"黑户"，则应尽快建档立户并追补电量。现场排查的"虚户"，应立即销户。

五、大电量异常用户处理

根据现场核查发现的大电量用户的计量装置接线、参数异常、倍率错误等问题，逐项进行整改处理。

六、窃电用户处理

对于现场核查发现有窃电嫌疑的，严格按照法律法规以及公司的管理规定及时取证，通知公司相关部门启动反窃电工作流程，必要时联合公安机关、公证处、新闻媒体等共同开展反窃电行动。

【第五步】监控考核

对目标台区线损治理后的效果进行跟踪监控，在采集系统里对相关指标数据进行验证、统计、分析，发现异常按照 "五步法"再次进行排查治理。

线损主管部门根据办结时限，对线损异常台区治理情况进行检查，依据台区同期线损管理责任制的有关方案，按期（日、周、月、季、年）对台区同期线损率指标完成情况进行评价考核，促进降损工作常态化进行。

一、目标台区监控

对目标台区整改后的指标（采集台区线损率、采集覆盖率、采集成功率等）进行后续的跟踪监控，持续关注其指标变化情况。

二、常态运行监控

对台区线损相关指标（采集覆盖率、采集成功率、异常档案数据、线损异常台区、反窃电等）进行常态化监控，持续关注其指标变化情况。

三、指标考核

线损主管部门根据整改时限，对线损异常台区治理情况进行检查，按期（日、周、月、季、年）对台区同期线损率指标完成情况进行评价考核，促进降损工作常态化进行。

第二篇

"五步法"释义

本篇第一～五章分别对应配电网低压台区线损排查治理"五步法"的第一～五步，详细阐述了"系统分析、工单派发、现场核查、问题处理、监控考核"的操作、排查、分析的步骤及方法，对"五步法"进行了有针对性的全面释义。

第一章

系统分析

对目标台区在电力用户用电信息采集系统和电力营销业务应用系统中的用户档案、电量数据等进行比对分析,排查出疑似问题用户。

第一节 比对用户档案一致性

在采集系统中导出目标台区所有用户信息明细,与营销系统用户信息进行核对。核对目标台区计量点数量与营销系统是否一致,提取不一致用户的信息,初步分析不一致的原因并进行统计,以备现场核查。

一、查询方法

【采集系统操作方法】高级应用 ≫ 台区同期线损 ≫ 考核单元台区线损分析,按照台区编号或考核单元名称即可查询对应台区信息,根据明细可查看该台区下用户计量点明细,如图 2-1 所示。

图2-1　采集系统查询台区下用户计量点明细

【营销系统操作方法】计量点管理≫台账管理≫计量点台账查询，根据台区编号或台区名称即可查询对应台区信息，计量点类型可选取"关口"或"用户"查询关口或用户明细信息，如图2-2所示。

图2-2　营销系统查询台区下用户计量点明细

二、计量点个数不一致原因分析

（一）营销系统多于采集系统

智能电能表未全覆盖的台区在营销系统中存在非智能电电能表、智能电能表全覆盖的台区营销与采集系统用户档案未进行同步，造成营销系统计量点个数多于采集系统。

（二）营销系统少于采集系统

目标台区挂接关系错误造成营销系统计量点个数少于采集系统。

第二节　筛选零电量用户

结合营销月发行电量与采集日、月用电量核查出零电量用户，筛出明细，以备现场核查。

【采集系统操作方法】高级应用 ≫ 台区同期线损 ≫ 考核单元台区线损分析，根据台区编号或考核单元名称查询对应台区信息，筛选零电量用户。可按"日"或"月"为统计周期查询电量为零的用户信息，如图2-3所示。

图2-3　采集系统查询零电量用户

【营销系统操作方法】计量点管理 ≫ 台账管理 ≫ 计量点台账查询，根据台区编号或台区名称查询对应台区信息，输入用户编号查询用户明细,在客户电费/缴费信息 ≫ 抄表电量信息菜单下查询该用户月电量是否为零，如图2-4所示。

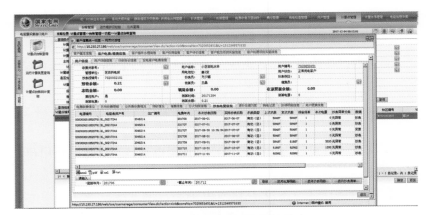

图2-4 营销系统查询零电量用户

第三节 筛选电量示值为空的用户

根据台区编号或考核单元名称在采集系统中查询对应台区信息，从明细中筛选出示值为空的用户。

一、直抄及预抄

在采集系统中对未抄通用户的实时数据和日冻结数据进行直抄及预抄，核实是否能抄回。

【采集系统操作方法】根据采集点编号、采集点名称、终端地址、用户编号或电能表资产号等信息查询对应用户信息，对用户的实时数据和日冻结数据进行直抄及预抄。采集系统用户数据直抄和预抄分别如图 2-5 和图 2-6 所示。

图 2-5　采集系统用户数据直抄

图 2-6　采集系统用户数据预抄

二、核查示值状态

若为"未下发测量点"，可通过重新下发参数继续获取数据，对抄表失败用户的实时数据进行直抄，保存入库；若为"未分析"，需联系后台处理；若为"异常"，需通过采集系统计量装置在线监测功能进行分析处理。

【采集系统操作方法】统计查询≫数据查询分析≫基础数据查询，根据用户编号查询指定日期电能表示值及示值状态，如图2-7所示。

图2-7　采集系统查询用户示值状态

三、核对表计时钟是否正确

在采集系统中进行时钟召测，查看时钟时间是否正确，若不正确则在采集系统中远程校时，远程校时不成功则进行现场校时［因2009版国网智能电能表（资产编号010开头）无法校时，出现时钟故障须更换电能表］。

【采集系统操作方法】运行管理≫时钟管理≫电能表对时，根据用户编号、电能表资产编号、抄表段编号等查询并召测电能表时钟。采集系统查询用户表计时钟偏差如图2-8所示。

图 2-8 采集系统查询用户表计时钟偏差

第四节 核对台区总表和三相表

一、比对互感器综合倍率

比对采集和营销系统中互感器综合倍率是否一致。

【采集系统操作方法】高级应用 》 台区同期线损 》 考核单元台区线损分析,根据台区编码查询台区明细信息,查看采集系统中表计的综合倍率。采集系统查询用户电能表倍率如图 2-9 所示。

图 2-9 采集系统查询用户电能表倍率

【营销系统操作方法】计量点管理≫台账管理≫计量点台账查询，按照台区编码查询台区信息，根据关口或用户明细查看营销系统中表计的综合倍率。营销系统查询用户电能表倍率如图2-10所示。

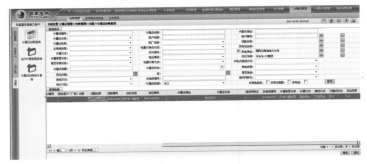

图2-10　营销系统查询用户电能表倍率

二、查看电压电流曲线

在采集系统中通过"基础数据查询"中查看目标台区总表和三相表电压、电流曲线是否正常，重点关注是否存在失压、失流。

【采集系统操作方法】统计查询≫数据查询分析≫基础数据查询，根据用户编号查询用户信息，点击对应电能表资产编号可查询该表计对应日期的电压、电流曲线，分析是否存在失压失流现象。采集系统查询用户电能表电压、电流曲线如图2-11所示。

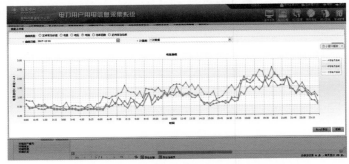

图2-11　采集系统查询用户电能表电压、电流曲线

三、核查反向有功电量

通过采集系统核查目标台区总表和三相表存在反向有功电量的用户，筛出明细，以备现场核查。

【采集系统操作方法】统计查询 ≫ 数据查询分析 ≫ 基础数据查询，根据用户编号查询用户信息，点击对应电能表资产编号可查询该表计对应日期的电压、电流曲线，分析是否存在反向电流。采集系统查询电能表反向有功示值如图 2 - 12 所示。

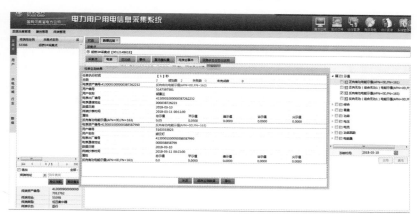

图 2 - 12 采集系统查询电能表反向有功示值

第五节 筛选"采集点多台区"清单

在采集系统中核查出"采集点多台区"情况，提取采集点下所有用户信息，为现场核查是否存在台区用户挂接关系错误等档案异常情况做好准备。

【采集系统操作方法】高级应用 ≫ 台区同期线损 ≫ 数据核查 ≫ 采集点多台区核查，根据采集点编号查询是否存在采集点多台区异常，如图 2 - 13 所示。

图 2-13　采集系统查询采集点多台区

查看采集点多台区异常明细，不同颜色代表用户挂接在不同台区，如图 2-14 所示。

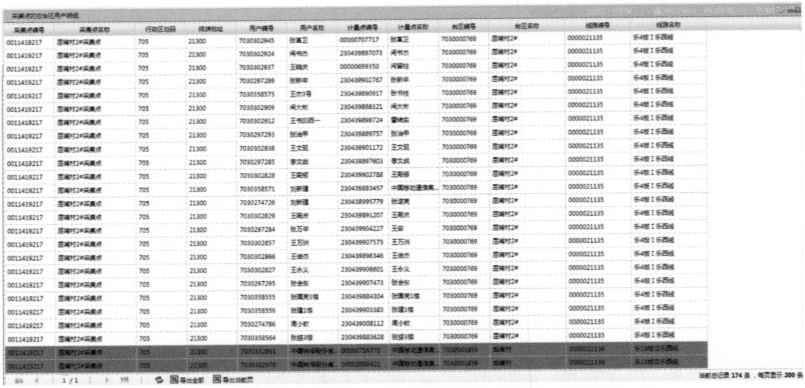

图 2-14　采集系统查询采集点多台区明细

第六节　筛查电能表开表盖事件

筛查存在"电能表开盖事件"的用户明细，以备现场核查。

【采集系统操作方法】高级应用 ≫ 台区同期线损 ≫ 数据核查 ≫

电能表开表盖事件查询,事件大类选择"电表全事件_开表盖事件",即可查询开表盖事件记录,如图 2-15 所示。

图 2-15 采集系统查询电能表开表盖事件

第二章

工单派发

按期（月度）对台区综合线损率等指标进行系统分析，根据系统分析提供的台区异常线损（高损、负损、线损不可计算等）明细，在采集运维闭环管理系统（简称"闭环系统"）中生成线损异常工单，派发至相关单位的责任人。

第一节 工 单 生 成

闭环系统中的线损异常工单主要根据在系统中设定的"异常工单生成规则"，对线损异常台区明细进行筛选，在系统中自动生成。市县公司也可根据线损治理的工作需求，在闭环系统的专项工作管理模块中手工创建工单（详见附录A）。

【闭环系统操作方法】闭环管理 ≫ 专项工作管理，如图 2-16 所示。

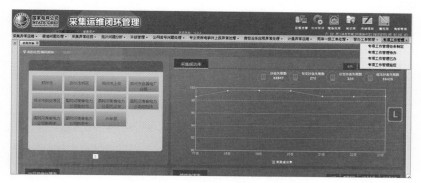

图 2-16　闭环系统专项工作管理

根据台区线损异常明细，在专项工作管理页面输入待创建工单的台区编号，查询出相应台区，新建工单，如图 2-17 所示。

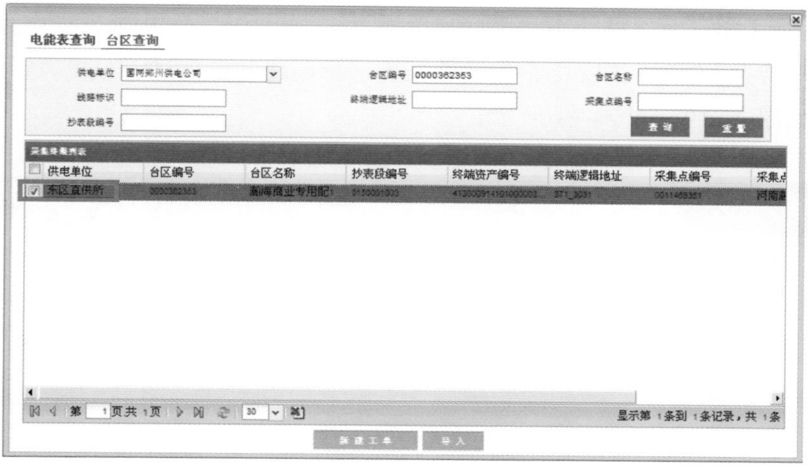

图 2-17　闭环系统台区查询

确定待创建的工单类型以及分类，如图 2-18 所示，完成工单创建。

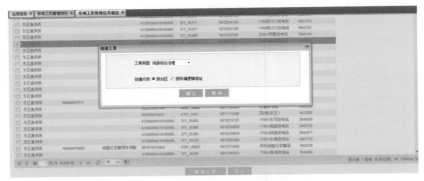

图 2-18　闭环系统工单类型以及分类

第二节　工　单　派　发

采集监控人员根据系统分析情况进行工单派发。

【闭环系统操作方法】闭环管理 ≫ 专项工作管理 ≫ 专项工作管理待办，创建完成后，根据筛选条件选择创建的工单进行分析执行，如图 2-19～图 2-21 所示。

图 2-19　工单分析

图 2-20 工单生成

图 2-21 工单派发

第三章
现场核查

第一节 **核查台区考核计量装置**

现场核对目标台区总表、集中器、互感器信息是否与采集系统信息一致；排查计量箱安装是否规范，"三封一锁"是否到位；检查台区总表液晶屏显示的基本参数是否正常，按键循显电压值、电流值、电量（重点检查是否存在"反向有功电量""零电量"）和时钟等是否正常。

一、操作方法及步骤

（一）工器具准备

电能表现场校验仪、相位伏安表、钳形电流表、验电笔、螺丝刀、尖嘴钳、封印、表箱钥匙、绝缘梯及相关安全防护用品。

（二）台区考核计量装置核查，见表 2-1

表 2-1　　　　　　　台区考核计量装置核查表

核查对象	核查项目	核查内容和方法
台区总表	参数检查	（1）核对现场运行电能表资产编号是否与系统一致； （2）检查电能表液晶屏显示的基本参数（电流、电压等）是否正常； （3）按键循显电压值、电流值、电量、时钟等是否正常； （4）核查是否存在反向有功电量； （5）查看是否存在未下发密钥
	现场检测	利用电能表现场校验仪、相位伏安表、钳形电流表等测量检测是否存在计量装置故障、接线错误及接触不良等情况
集中器	参数检查	（1）核对现场运行采集终端地址是否与系统一致； （2）检查采集终端 IP 地址、端口号、APN 等是否设置正确； （3）核对现场运行采集终端的时钟是否正常
	外观检查	（1）查看集中器是否正常运行，三相电源是否正确接入； （2）查看无线公网信号强度，是否加装天线； （3）集中器屏幕、路由模块、通信模块显示是否正常
联合接线盒	接线检查	检查联合接线盒安装是否规范，计量接线和联片位置是否正确
电流互感器	检查外观	检查互感器接线是否正常，外观是否有损坏、烧毁现象
	检查倍率	（1）查看互感器的铭牌显示变比跟系统倍率是否一致； （2）利用钳形电流表分别测三相低压一次侧电流并查看台区总表显示的二次侧电流，换算得出的倍率是否和现场、系统一致
"三封一锁"	检查外观	检查"电能表、互感器、接线盒"封印是否完备，封印编号是否与系统一致；计量箱锁具是否完好

二、常见问题及核查方法

低压台区考核计量装置常见问题主要包括台区考核计量装置（台区总表、互感器、集中器）档案错误、台区总表计量误差超差、台区总表或互感器故障、台区总表或互感器及二次回路（联合接线盒）接线错误 4 个方面，具体问题及核查方法如下。

问题 1：现场运行的台区总表资产编号与采集系统不一致。

核查方法：现场查看台区总表资产号，与系统分析的目标台区进行核对，若不一致进行登记以备整改。

问题 2：电流互感器实际变比和采集系统变比不一致。

核查方法：采用"变比三比对"法：用钳形电流表测量电流互感器一次、二次侧三相电流，计算互感器"实际变比"，与铭牌上标注的"额定变比"及采集系统中互感器的"档案变比"三比较，如不一致，以现场实际变比为准，进行登记以备整改。

问题 3：电流互感器绝缘层受损（出现裂纹、烧毁等）。

核查方法：按照规定穿戴安全防护用品，进行摄像和拍照取证，进一步评估绝缘层受损对计量误差的影响。用钳形表测量电流互感器一次侧电流，读取台区总表屏显的二次电流示值，计算互感器变比值，核对与实际互感器变比值是否一致。

问题 4："三封一锁"安装不到位或者被人为破坏。

核查方法：现场核查"三封一锁"安装是否到位且完整，检查封印编号是否和系统中编号一致。对没有到位或者不一致的进行拍照取证并登记备案。

问题 5：台区总表时钟电池欠压（液晶屏显示"Err-04"）、时钟故障（液晶屏显示"Err-08"）。

核查方法：查看台区总表的液晶显示屏是否出现"Err-04"或"Err-08"告警提示，台区总表的报警灯是否常亮，比对台区总表的时钟和标准时钟（北京时间），计算时钟偏差是否在规定范围内（≤5min），并进行问题登记。

问题 6：台区总表电压、电流异常或者循显电压值、电流值等异常。

核查方法：查看台区总表显示屏上"Ua""Ub""Uc""Ia""Ib""Ic"是否存在闪烁或者不显示的现象，查看是否存在"-Ia""-Ib""-Ic"等现象。按循显键查看电压值、电流值是否正常，如存在异常进行登记。

问题 7：台区总表未下发密钥。

核查方法：查看台区总表显示屏，若显示"🏠"标识，说明该电能表未下发密钥。

问题 8：台区总表计量误差超差。

核查方法：用电能表现场检验仪校验台区总表误差，如果超过其准确度等级值，则进行登记。

问题 9：台区总表欠压、失压。

核查方法：若系统分析发现台区总表电压异常，则现场核查时用现场校验仪、相位伏安表或万用表测试表尾电压，检查电压回路接线，如确有异常则进行登记。

问题 10：台区总表存在反向有功示值。

核查方法：查看台区总表液晶屏是否显示"$-Ia$""$-Ib$""$-Ic$"，检查电流回路接线是否存在极性接反或接错；查看台区下是否存在分布式光伏发电用户，并根据台区下用户实际负荷，核实发用电整体情况，判断是否存在上网电量。

问题 11：台区总表采集失败。

核查方法：现场排查集中器是否有移动（GPRS/3G/4G、NB－IoT）信号、是否在线、参数是否正确，台区总表与集中器之间的 RS－485 接线是否正确，台区总表通信模块运行是否正常等情况。

问题 12：采集终端参数设置不正确。

核查方法：现场查看采集终端中 IP 地址、端口号、APN 等参数设置是否正确。

问题 13：台区总表负荷为容性。

核查方法：检查该台区是否安装无功补偿装置，分别在无功补偿装置投切前后，使用现场校验仪或相位伏安表检查该台区功率因数的变化情况，判断是否存在过补偿。

第二节 排查挂接关系

台区—用户挂接关系的排查分两种情况：对于架空线路，可根据低压线路图和计量箱分布图，沿线路走向对所有低压用户进行逐户排查；对于电缆线路，可根据低压电缆线路图和计量箱分布图，通过台区识别仪进行挂接关系识别。排查用户计量装置信息与营销、采集系统档案信息是否一致，核实实际挂接关系与采集系统是否一致，若挂接关系错误，则调整营销系统中户变关系，并同步至采集系统。

一、操作方法及步骤

（一）工器具准备

台区识别仪、钳形电流表、验电笔、螺丝刀、尖嘴钳、封印、表箱钥匙、绝缘梯及相关安全防护用品。

（二）台区—用户挂接关系核查，见表2-2

表2-2　　　　　　　　台区—用户挂接关系核查表

排查对象	排查项目	排查内容和方法
架空线路	筛选挂接错误用户	（1）根据低压线路图和计量箱分布图，沿架空线路对低压下户线进行"地毯式"排查，找出目标台区下挂接的所有低压用户，与采集系统中导出的"用户用电信息明细"进行核对，筛选出户变挂接错误用户； （2）在排查和筛选的过程中，应同时记录表箱是否存在人为破坏、表计运行是否异常（如未下发密钥、时钟错误、报警、烧毁、黑屏、死机、电压逆相序、电流异常等）、计量装置接线是否异常、是否存在窃电（有拆封痕迹、表前跨越供电、电压接线故意虚接、零火线接反）等情况； （3）核对电能表表号、地址、表计现场示值是否与系统一致； （4）排查架空线路是否存在树障、外接线或者其他人为因素影响线路安全运行的情况
电缆线路		（1）根据低压电缆线路图和计量箱分布图，用台区识别仪找出目标台区下挂接的所有低压用户，与采集系统中导出的"用户用电信息明细"进行核对，筛选出户变挂接错误用户；

续表

排查对象	排查项目	排查内容和方法
电缆线路	筛选挂接错误用户	（2）在排查和筛选的过程中，应同时记录表箱是否存在人为破坏、表计运行是否异常（如未下发密钥、时钟错误、报警、烧毁、黑屏、死机、电压逆相序、电流异常等）、计量装置接线是否异常、是否存在窃电（有拆封痕迹、表前跨越供电、电压接线故意虚接、零火线接反）等情况； （3）核对电能表表号、地址、表计现场示值是否与系统一致； （4）有条件的情况下可采用专用仪器开展电缆线路漏电检查工作

二、常见问题及排查方法

问题 1：因倒负荷的需要将台区用户调整至另一台区用电，但系统中用户档案未及时进行同步调整，引起户变挂接关系错误，造成线损异常。

排查方法：与配电部门联系沟通询问倒负荷的具体情况，查询书面倒负荷通知（如传递单、工作票等），并现场确认实际挂接关系。

问题 2：采用 RS-485 直联或者其他不规范抄读方式（如台区共用零线载波方式）造成户变关系错误（说明：采用上述抄读方式，即使户变关系错误也不影响采集抄通，多为相邻台区情况）。

排查方法：在现场勘查环节初步确定用户所属台区，在验收环节加强户变关系正确性验证。架空线路顺线排查确认挂接关系，电缆线路则运用台区识别仪确认挂接关系。对于载波通信方式，可通过采集系统对同一电源点已安装的电能表进行直抄，验证确认挂接关系（采集点多台区情况不适用）。对于初步判断疑似挂接关系错误的情况（如采集点多台区、相邻台区线损一正一负等），应尽快进行现场确认。

第三节 排查采集失败用户

根据派发的采集失败工单，现场排查电能表载波模块、时钟等运行是否正常，排查终端 RS-485 接线是否正确、与电能表的通信距离是否符合要求，排查台区户变关系、电能表、终端档案与系统是否一致。

一、操作方法及步骤

（一）工器具准备

掌机、载波模块、电笔、万用表、螺丝刀、尖嘴钳、封印、表箱钥匙、绝缘梯及相关安全防护用品。

（一）现场检查内容和方法

采集失败用户的排查表见表 2-3。

表 2-3　　　　　　　　采集失败用户的排查表

检查对象	检查内容和方法
电能表	（1）检查电能表载波模块是否损坏、接触不良； （2）查看电能表时钟时间是否正确、是否下装密钥； （3）检查电能表载波模块与集中器载波方案是否匹配； （4）检查电能表存储模块读取或通信数据回传是否错误； （5）检查电能表负荷是否过大或短路； （6）检查电能表的电压、电流接线是否规范
采集终端	（1）检查台区供电半径是否过长、表计安装位置是否分散、采集终端与电能表的距离是否过远； （2）检查采集终端内的电能表通信地址与实际电能表的通信地址是否一致； （3）检查 RS-485 接线是否错误、未接、虚接； （4）检查 RS-485 通信接口是否完好
档案	（1）电能表档案信息录入错误或营销未同步至采集主站； （2）检查电能表台区对应关系是否一致

二、常见问题及排查方法

造成电能表采集失败的原因主要包括电能表本身故障、电能表接线故障、终端故障及档案错误等。

问题 1：采集主站电能表的参数与采集终端内电能表的参数不一致。

排查方法：按采集终端的按键查看电能表参数（通信地址、通信规约、波特率等）与采集系统中电能表的参数是否一致。

问题 2：现场电能表时钟超差。

排查方法：查看电能表上的时钟和北京时间是否一致。

问题 3：现场电能表失电。

排查方法：查看电能表液晶显示屏是否黑屏、查看电能表的接线是否松动，用万用表测量进出线之间的电压是否正常，用电笔测试火线接线端子是否带电。

问题 4：RS-485 接线错误、未接或虚接。

排查方法：检查 RS-485 线的 A、B 端子是否接反，用尖嘴钳轻微拉动 RS-485 线看线是否松动，用万用表测量其 A、B 端子之间的直流电压是否在 2.5～5V 内。

问题 5：台区供电半径过长，路由节点距离大，载波信号衰减多。

排查方法：估算采集失败电能表与集中器之间的距离是否大于 500m（载波抄表的理论距离为 500m）。

问题 6：台区内电能表与采集终端方案不一致。

排查方法：现场检查抄表失败的电能表载波模块和集中器模块是否为同一方案。

问题 7：采集模块异常。

排查方法：查看模块针脚是否弯曲、损坏、接触不良，重新安装查看指示灯是否正常闪烁。

第四节 排查"黑户"和"虚户"

现场排查已装表用电但营销系统没有建立相应档案资料的用电客户即确认为"黑户"；营销系统中建有用户档案信息但现场排查无运行表计即确认为"虚户"。

一、操作方法及步骤

"黑户"主要分为现场运行为非智能表的"黑户"(系统中未建档)和现场运行为智能表的"黑户"(系统中未建档或系统中电能表状态为合格在库、失窃、待分流、已报废等情况)。"黑户"的主要危害是造成电量流失和电费损失。开展同期线损治理要求用户表计全部为国网智能表,非智能表必须退出运行。"虚户"是指营销系统建立档案资料,现场不存在的用户。"虚户"的主要危害是给线损责任人提供可私自调节电量的机会,使线损失真,不满足台区线损精益化管理要求。

(一)工器具准备

螺丝刀、封印、钳形电流表、相位伏安表、现场校验仪、表箱钥匙、绝缘梯及相关安全防护用品。

(二)现场检查内容和方法

"黑户"和"虚户"排查表见表 2-4。

表 2-4　　　　　　　"黑户"和"虚户"排查表

核查对象	检查项目	核查内容和方法
"黑户"	无档非智能表	排查目标台区所有计量装置,检查有无非智能电能表接入电网用电,核对该电能表是否在系统中建立档案
	无档智能表	排查目标台区所有计量装置,检查有无智能电能表接入电网用电,核对该电能表在系统中是否建立档案或系统中的状态是否正常(检查系统中电能表状态为合格在库、失窃、待分流、已报废等异常情况)
"虚户"	有档无表	根据系统用户明细核查目标台区所有用户,是否存在有档无表情况

二、常见问题及排查方法

问题 1:目标台区中接有系统外运行的非智能表。

排查方法：查看电能表上是否有"国网××电力公司"等字样，查看是否为智能表，根据资产编号在系统中查看是否建档。

问题 2：目标台区中接有系统外运行的智能表。

排查方法：根据采集系统考核单元下目标台区的用户用电信息明细，对于现场排查不在明细中的用户表计进行登记，并在营销系统中查看表计状态。若表计为合格在库、失窃、待分流、已报废等非正常运行状态，则为系统外运行智能表。

问题 3：系统中存在有档无表的"虚户"。

排查方法：根据采集系统考核单元下目标台区的用户用电信息明细，排查现场不存在此用户（现场没有电能表），但在系统中为运行状态，则说明此用户有档无表，为"虚户"。

第五节 排查大电量用户

根据系统中筛查出的大电量用户明细，现场检查计量装置外观是否完好，接线是否正确、牢固；检查电能表液晶屏显示的基本参数是否正常；按键循显电压值、电流值、电量（重点检查是否存在反向有功电量、"零电量"）、时钟等是否正常；核查互感器变比与系统倍率是否一致。

一、操作方法及步骤

（一）工器具准备

螺丝刀、封印、钳形电流表、相位伏安表、现场校验仪、表箱钥匙、绝缘梯及相关安全防护用品。

（二）现场检查内容和方法

大电量用户排查表见表 2-5。

表2-5　　　　　　　　　　大电量用户排查表

排查对象	排查项目	排查内容和方法
电能表	检查基本参数	（1）核对现场运行电能表资产编号是否与系统一致； （2）检查电能表液晶屏显示的基本参数（电流、电压等）是否正常； （3）按键循显电压值、电流值、电量、时钟等是否正常； （4）核查是否存在反向有功电量； （5）查看是否存在未下发密钥
	现场校验	检查电能表接线是否正确，采用电能表现场校验仪校验电能表误差是否合格
	检查外观	检查封印是否完好，是否存在窃电现象
	检查安装接线	（1）检查计量接线是否正确、牢固（特别注意直接接入式三相表电压联片连接是否牢固）； （2）三相表检查电压是否反相序且电流电压不同相、电流进出线反接、零线不接表、电压回路接线不可靠、电流回路接入其他用电造成人为分流等
联合接线盒	检查安装接线	检查联合接线盒安装是否规范，计量接线和联片位置是否正确
电流互感器	检查外观	检查绝缘是否破损
	检查接线	检查一次、二次极性是否接反，接线是否正确
	检查变比	（1）查看互感器的铭牌变比和系统变比是否一致； （2）采用钳形表测一次电流，采用相位伏安表或精度较高的钳形表测二次电流，计算变比是否正确

二、常见问题及排查方法

问题 1： 现场电流互感器变比和系统变比不一致。

排查方法： 用钳形电流表测量一次侧三相电流，除以台区总表计量的二次侧的电流，计算互感器变比，和现场互感器铭牌变比及采集系统中互感器变比相比较，如果不一致以现场实际的变比为准，进行登记。

问题 2： 互感器绝缘层出现裂纹、烧毁等损坏现象。

排查方法： 按照规定穿戴安全防护用品，运用钳形表测量一次侧电流和台区总表的计量电流，计算互感器倍率和现场的互感器倍率是否一致，查看是否存在互感器绝缘层出现裂纹、烧毁等损坏现象，进行登记，如图2-22所示。

图2-22 互感器绝缘层出线裂纹

问题3：电能表封印损坏或者缺失。

排查方法：现场查看电能表封印是否存在损坏、遗失、补封、打开封印等问题。用手指触摸封印的表面是否光滑，是否存在损坏封印的问题。

问题4：电能表电池欠压（液晶屏显示"Err-04"）。

排查方法：查看电能表液晶显示屏，若显示错误代码"Err-04"、电池欠压（液晶屏下方显示"🔋"）且电能表面板上的报警灯常亮（如图2-23所示），则表明智能电能表内电池的电量不足，需要进行电池的更换，无法更换电池则需要换表。

问题5：电能表时钟故障（液晶屏显示"Err-08"）。

排查方法：查看电能表液晶显示屏上是否显示错误代码"Err-08"同时查看报警灯是否常亮，如果显示错误代码"Err-08"，则表明

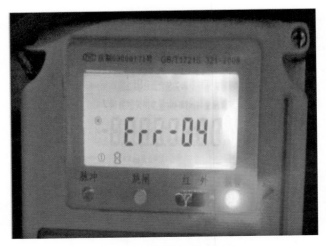

图 2-23　电能表电池欠压

电能表的时钟存在故障（如图 2-24 所示），需要对智能电能表进行校时；无法校时则需要换表。

图 2-24　时钟故障

问题 6：电能表液晶屏显示的电压、电流异常或者按循显键电压值、电流值等异常。

排查方法：查看电能表显示屏上 "Ua" "Ub" "Uc" "Ia" "Ib" "Ic" 是否存在闪烁或者不显示的现象，查看是否存在 "－Ia" "－Ib" "－Ic" 等现象。按循显键查看电压值、电流值是否正常，如存在异常进行登记。B 相电流异常如图 2－25 所示，C 相电压缺失如图 2－26 所示。

图 2－25 B 相电流异常

图 2－26 C 相电压缺失

问题 7：电能表液晶显示屏显示未下发密钥。

核查方法：查看电能表显示屏上是否显示"🏠"，如果有则说明此电能表未下发密钥，如图 2-27 所示。

图 2-27　未下发密钥

问题 8：电能表计量不准确。

核查方法：运用电能表现场检验仪校验电能表误差，如果超过合理的范围，则进行登记。

问题 9：电能表存在反向有功。

核查方法：查看是否存在"-Ia""-Ib""-Ic"的现象，按循显键查看当前反向有功是否有数值。

问题 10：互感器变比选用不合理。

核查方法：根据台区的用户实际负荷情况和互感器的配置原则，查看现场互感器的变比选用是否合理。

问题 11：采集系统中显示大电量用户电压异常。

如果系统中显示电压异常，现场查看电能表液晶屏显示的电压值是否正常，用万用表测试表尾电压，对电压异常情况进行登记。

第六节　排查窃电用户

检查计量装置外观、表封、合格证是否完好无损，初步确定目标用户；根据采集系统查出的电能表开盖记录或现场采用手持终端读取开盖记录事件，比对目标用户实际负荷电流与表计计量电流值是否一致，判断是否存在窃电嫌疑。

一、操作方法及步骤

（一）工器具准备

钳形电流表（相位伏安表）、手持终端（用于查开盖记录、失压等事件记录）、封印扫描设备、台区识别仪、现场校验仪（单、三相）、螺丝刀等常用工具以及表箱钥匙、绝缘梯和相关安全防护用品。

（二）排查内容和方法

窃电用户排查表见表2-6。

表2-6　　　　　　　　　　　窃电用户排查表

排查对象	排查项目	排查内容和方法
电能表	检查外观	（1）检查表封、合格证是否完好无损； （2）检查电能表液晶屏显示的基本参数（电流、电压等）是否正常； （3）按键循显电压值、电流值等是否正常； （4）核查是否存在反向有功电量和"零电量"情况； （5）查看电能表左侧和背面有没有开孔痕迹（比较隐蔽）
	检查安装接线	（1）检查是否存在绕越电能表用电； （2）检查计量接线是否正确、牢固（特别要检查直接接入式三相表电压联片连接是否被断开），是否存在虚接
	比对电流	利用钳形电流表（相位伏安表）测出实际负荷的电流值，与电能表的计量电流值做比对
	查开盖记录	利用手持终端查开盖、失压等事件记录
	现场校验	利用现场校验仪测试误差
封印	电能表、互感器和联合接线盒	（1）计量装置做到"三封一锁"，即互感器、电能表、联合接线盒要加封印，电能表箱要上锁； （2）用食指和拇指压封印的正面来回轻轻摇动几下，查看封印的圆周是否平整（封印一旦启动就破坏了封印的平整）； （3）利用封印扫描设备扫描封印的二维码检验封印的真伪，也可以与邻近电能表的封印比对来判断封印的真伪； （4）检查封印的封线是否被破坏、是否可以被抽出

排查对象	排查项目	排查内容和方法
互感器	检查外观	检查绝缘是否破损
	检查接线	检查一次、二次极性是否接反，接线是否正确
	检查倍率	（1）查看互感器的铭牌显示变比和系统倍率是否一致；查看是否套改互感器铭牌（更换 TA 铭牌，大变比换小变比）； （2）采用钳形表卡一次电流，采用相位伏安表或精度较高的钳形表测二次电流，计算变比是否正确

二、排查疑似窃电用户的方法

可以运用营销稽查监控平台系统、采集系统等系统，筛选出疑似窃电用户。采用 "先古后今"（先按照传统方法查窃电，再按照新型方法查窃电）的方法查疑似窃电用户：

（1）从变压器处沿着线路查看，排查是否有绕越计量装置用电、非法计量、电能表安装在用户家中的情况，筛选出疑似窃电用户；

（2）查看计量箱锁、封印有无异常，筛选疑似窃电用户；

（3）打开计量箱，查看电能表、接线盒封印是否被启封，是否存在多余的接线进行分流，是否存在跨表接线，电流互感器铭牌是否存在更换痕迹，筛选出疑似窃电用户，线路短接、插入导体短接分别如图 2-28 和图 2-29 所示；

（4）查看压线螺丝有无松动或虚接情况，筛选出疑似窃电用户；

（5）运用营销稽查监控平台系统、采集系统等系统工具重点排查用户用电量突变、有开盖记录和"零电量"的情况，可以快速锁定疑似窃电用户。

三、常见窃电类型和处理办法

常见的窃电主要有以下几种类型：欠压窃电法、欠流窃电法、移相窃电法、扩差窃电法、无表窃电法等传统窃电法以及需要特定

图2-28 线路短接

图2-29 插入导体短接

的辅助设备（如遥控器）进行窃电的新型窃电法。

窃电类型 1：用户用电但没有安装计量装置或绕越计量装置用电（无表用电）。

核查办法：用户用电要做到一户一闸一表，且电能表不允许安装在电力用户的住所内。用户的入户线应接在空气开关的下端，不允许一个空气开关接多个用户的入户线。现场开展用电检查，若发现有不明线路进入用户，沿线路进一步排查，若现场确认用户有实际用电行为且未安装供电公司法定计量装置则属于无表窃电。

窃电类型 2：三相电能表的某相电流互感器二次端子短接，引起该相不计电量，造成此电能表少计。

核查办法：按循显键查看三相电能表各相的电流是否平衡，是否有失流的现象。如果某相出现失流，使用钳形电流表测一次电流，若一次电流值不为零则初步判断该相电流接线异常，进一步查看表尾、联合接线盒、互感器等处的电流线是否松动和短接。

窃电类型 3：直接接入式三相表电压连片断开，导致此相电压失压，造成此相不计量电量。

核查办法：查看电能表液晶屏是否显示失压，如果存在失压的现象，查看电压线接线是否松动和电压连片是否打开。用万用表测量该相的电压是否正常。直接接入式三相表表尾接线图如图 2－30 所示。

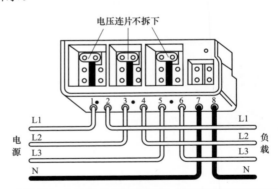

图 2－30 直接接入式三相表表尾接线图（电压连片不能打开或松动）

窃电类型 4：人为改动电能表内部电路板接线，将电流短接或者将电压断开，造成电能表少计电量。短接电能表内电流回路窃电如图 2－31 和图 2－32 所示。

图 2-31 短接电能表内电流回路窃电（1）

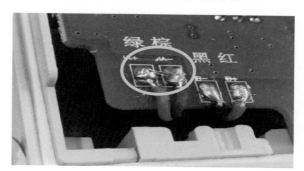

图 2-32 短接电能表内电流回路窃电（2）

核查办法：查看电能表封印是否被破坏，用钳形电流表或者相位伏安表测试现场实际负荷电流和电能表的计量电流比对，判断是否存在窃电嫌疑。按照查处窃电的流程和要求，在第三方的见证下打开表计查看是否存在电路改动的情况。

窃电类型 5：在电能表的内部电路板回路上加装电子遥控设备，通过手持遥控器随时控制电能表的运行方式（电能表正常计量或停止计量）。电能表内加装电子遥控窃电如图 2-33 所示。

核查办法：鉴别表封看是否被破坏或伪造，并在采集系统中查询此电能表的开盖记录或利用手持终端现场查询开盖记录，如果确有开盖记录，则现场用钳形电流表或者相位伏安表测试实际负荷电流和电能表的计量电流比对，判断是否存在窃电。按照查处窃电的

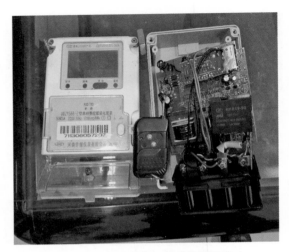

图 2-33　电能表内加装电子遥控窃电

流程和要求，在第三方的见证下打开表计查看是否存在电路加装遥
控设备或者电路被改动的情况。

第四章
问题处理

由线损主管部门协调督办，由台区责任单位（责任人）根据现场核查发现的问题逐条进行整改，限时办结。

第一节 台区考核计量装置整改

根据现场核查发现的台区考核电能表、集中器、互感器、计量箱、封印等方面的问题，逐项进行整改。

问题 1：业扩报装录错电能表资产编号，多个台区考核表信息登记时匹配错误，造成现场台区考核表资产编号与系统不一致。

处理方法：表计拆回入库，在营销系统中重新进行表计资产安装流程。

问题 2：现场电流互感器变比和系统变比不一致。

处理方法：走"虚拆"入库，修改互感器变比档案。以现场电流互感器变比为准，修改营销系统中的电流互感器变比，营销和采集系统进行档案同步。

问题 3：互感器绝缘层出现裂纹、烧毁等损坏现象，如图 2－34

所示。

图 2-34　电流互感器出现裂纹

处理方法：更换互感器并按照相关规定追补电量。

问题 4："三封一锁"安装不到位或者编号与系统不一致。

处理方法："三封一锁"安装到位，若编号与系统登记不一致，查有无窃电。

问题 5：电能表时钟电池欠压（液晶屏显示"Err-04"）。

处理方法：一旦停电，电能表时间会丢失，此时须更换电能表。如果具备更换电池的条件则直接更换电池。

问题 6：电能表时钟故障（液晶屏显示"Err-08"）。

处理方法：用采集系统远程校时或者用掌机进行现场校时（2009版国网智能表无法校时需更换电能表），校时失败则直接更换智能电能表。

问题 7：电能表液晶屏显示的电压、电流异常或者按键循显电压值、电流值等异常。互感器 C 相断线、电能表 C 相断相分别如图 2-35 和图 2-36 所示。

处理方法：检查是否存在接线虚接或错接（如电流进出线接反、电压逆相序且电流不跟相等）、试验接线盒联片是否在正确位置。若存在上述问题，应规范或改正接线。

图2-35 互感器C相断线　　图2-36 电能表C相断相

问题8：电能表液晶显示屏显示未下发密钥（），如图2-37所示。

处理方法：对于2013版国网智能表（资产编号413开头）可以用枪机进行密钥下发，2009版国网智能表（资产编号01开头）可以用掌机进行密钥下发。

问题9：电能表计量不准确。

图2-37 电能表未下发密钥

处理方法：电能表现场检验仪校验电能表误差超过合理的范围，建议更换新的智能电能表，走换装流程。对于非智能电能表或者电能表故障造成的电压电流计量不正常的，直接更换新的智能电能表。

问题 10：台区总表存在反向有功。

处理方法：恢复正确接线，并在营销系统中追退电量。

问题 11：现场运行采集终端地址与系统不一致。

处理方法：将系统采集终端地址修改为正确地址。

问题 12：采集终端 IP 地址、端口号、APN 等设置不正确。

处理方法：将采集终端 IP 地址、端口号、APN 等参数设置正确。

问题 13：台区总表负荷为容性。

处理方法：退掉台区无功补偿装置，使用现场校验仪或相位伏安表查看该台区功率因数，若由容性变为感性，则判断台区总表运行正常。

第二节 挂 接 关 系 调 整

对于现场核查发现挂接关系错误的情况，在确认实际挂接关系后，应及时在营销系统中将用户档案调整至正确台区（实际供电台区）。

问题 1：因倒负荷的需要将台区用户调整至另一台区用电，但系统中用户档案未及时进行同步调整，引起户变挂接关系错误，造成线损异常。

处理方法：配电部门应在倒负荷前书面通知（如传递单、工作票等）营业部门倒负荷的时间和范围；营业部门根据书面通知在营销系统下达临时抄表计划或通过采集系统对倒负荷用户表底数进行直抄并保存，在核算线损周期内追退台区电量，待现场户变挂接关系调整到位后，在营销系统中及时将用户档案调整至供电台区。对于临时倒负荷情况，营业部门应分别在倒负荷前后通过采集系统对倒负荷用户表底数进行直抄并保存，在核算线损周期内追退台区电量，不用调整户变关系。

问题 2：采用 RS-485 直联或者其他不规范抄读方式（如台区

共用零线载波方式）造成户变关系错误（说明：采用上述抄读方式，即使户变关系错误也不影响采集抄通，多为相邻台区情况）。

处理方法：按照第二篇第三章第二节的核查方法确认实际挂接关系，及时在营销系统中将用户档案调整至正确台区。

第三节 采集失败用户处理

根据现场排查中发现的电能表、载波模块、采集终端、RS－485接线、通信通道、档案等方面的问题，采取电能表更换或载波模块更换等有针对性的措施及时处理。对于在采集系统中执行时钟校时、参数下发仍无法抄回数据的情况，应在采集运维闭环管理系统中派发补抄工单，持掌机现场进行校时并补抄数据；若掌机补抄失败，则现场进一步排查处理。

问题1：采集主站与采集终端内电能表的参数不一致。

处理方法：重点核查采集系统中电能表参数（表通信地址、通信规约、波特率等）如有不一致，重新下发至采集终端，并通过数据召测验证处理效果。

问题2：电能表电池欠压造成时钟超差，如图2－38所示。

图2－38 电能表电池欠压造成时钟超差

处理方法：利用采集系统（偏差＜5min）或掌机（偏差≥5min）对电能表进行校时。若校时失败，首先查看电表是否已安装密钥。若未安装密钥，需要安装密钥后进行校时；若已经下发密钥，则需要更换电能表。

问题3：电能表断电。

处理方法：核实用户用电情况，若长期不用电应进行销户或者走停用流程，否则应保持电能表通电，确保正常采集。

问题4：RS-485接线错误。

解决方法：按照RS-485接线要求正确规范接线（RS-485通信线高、低端与电能表接口对应，接线端子接触良好且无短接）。

问题5：台区供电半径过长，载波信号衰减过大。

处理方法：加装载波、无线信号中继器。

问题6：同一个台区内有多块终端且采集方案不一样（如台区内有鼎信、东软、力合微等多种采集方案），同种采集方案的终端与电能表的挂接关系不正确。

处理方法：现场核对电能表与所属采集终端的采集方案是否一致，若不一致则在营销系统中调整至正确的挂接关系并同步采集系统。

问题7：电能表通信模块故障，如图2-39所示。

图2-39　电能表通信模块的元器件烧毁

处理方法：现场取出电能表通信模块检查针脚是否弯曲、损坏，与基座是否接触不良，重新安装后查看指示灯是否正常闪烁，若烧毁或者指示灯闪烁异常则直接更换模块。

第四节 "黑户"和"虚户"处理

对现场排查的非智能表"黑户"应立即换装为智能表（当天换装、当天归档、当天调通），并追补电量；对现场排查的智能表"黑户"，则应尽快建档立户并追补电量。现场排查的"虚户"，应立即销户。

问题1：正常用电户挂接非智能电能表。

处理方法：计算违约用电量，发起电量追补流程，电费结清后，若用户符合报装要求，办理业扩新装。

问题2：正常用电户挂接国网智能电能表，但未在营销系统中建档立户。

处理方法：计算违约用电量，发起电量追补流程，电费结清后，检查智能表状态，若资产状态为合格在库且用户符合报装要求，对该用户办理报装流程。若智能表状态为失窃、待分流、已报废等，需将电能表拆回返库，并对该用户办理报装流程。

问题3：营销系统中存在档案，但现场无对应用户。

处理方法：现场核实后，在营销系统中将"虚户"办理销户流程。

第五节 大电量异常用户处理

根据现场核查发现的大电量用户的计量装置接线、参数异常、倍率错误等问题，逐项进行整改处理。

问题1：现场运行的电流互感器变比和营销系统变比不一致。

处理方法：以现场电流互感器变比为准，修改营销系统中的电流互感器变比，并同步至采集系统。

问题 2：互感器绝缘层出现裂纹、烧毁等损坏现象。

处理方法：更换互感器并按照相关规定追补故障电量。

问题 3：电能表封印损坏或者遗失。

处理方法：派发工单，由供电部门人员现场检查、补封。若影响电能计量，需按照违约用电处理，追补电量。

问题 4：电能表时钟电池欠压（液晶屏显示"Err-04"）。

处理方法：一旦停电，电能表时间会丢失，必须更换电能表。如果具备更换电池的条件则直接更换电池。

问题 5：电能表时钟故障（液晶屏显示"Err-08"）。

处理方法：用采集系统远程校时或者用掌机进行现场校时（2009版国网智能表无法校时需更换电能表），校时失败则直接更换智能电能表。

问题 6：电能表液晶屏显示的电压、电流异常或者按键循显电压值、电流值等异常。

处理方法：对于存在接线虚接或错接（如电流进出线接反、电压逆相序且电流不跟相等）、试验接线盒联片位置错误的情况进行整改处理。

问题 7：电能表液晶显示屏显示未下发密钥（🏠）。

处理方法：对于 2013 版国网智能表（资产编号 413 开头）可以用枪机进行密钥下发，2009 版国网智能表（资产编号 01 开头）可以用掌机进行密钥下发。

问题 8：电能表计量不准确。

处理方法：电能表现场检验仪校验电能表误差超过合理的范围，应更换新的智能电能表，办理换装流程。

问题 9：存在反向有功电量。

处理方法：经现场检查存在错误接线导致电能表反向计量，计算故障电量，发起电量追补流程并规范接线。

问题 10：互感器变比选用不合理。

处理方法：根据台区用户的实际负荷情况，选用合适的互感器变比，合理配置互感器并进行更换。

问题 11：现场排查发现大电量用户电能表电压异常。

处理方法：对于电压虚接、断线、错接的情况，应立即恢复、更换、规范接线；对于表尾和计量专用试验接线盒的电压连片虚接、断开的情况，应立即恢复连接并发起电量追补流程。

第六节 窃电用户处理

对于现场核查发现的窃电嫌疑，严格按照法律法规以及公司的管理规定及时取证，通知公司相关部门启动反窃电工作流程，必要时联合公安机关、公证处、新闻媒体等共同开展反窃电行动。

窃电类型 1：用户未安装计量装置用电或绕越计量装置用电（无表用电），如图 2-40 所示。

图 2-40 无表用电（直接在电源侧开关处接线用电）

处理办法：用电检查人员现场核实用电情况，若属于窃电，应拍照取证并立即终止供电，启动反窃电处理流程。如用户仍需继续用电，待窃电处理完毕后到营业单位申请新装用电。

窃电类型 2：三相电能表的某相电流互感器二次端子短接，引起该相不计电量，造成此电能表少计。

处理办法：用电检查人员现场核实用电情况，若属于窃电，应拍照取证并立即终止供电，启动反窃电处理流程。如用户仍需继续用电，待窃电处理完毕后，将互感器恢复至正常接线状态后恢复供电。

窃电类型 3：直接接入式三相表电压联片断开，导致此相电压失压，造成此相不计量电量。

处理办法：用电检查人员现场核实用电情况，若属于窃电，应拍照取证并立即终止供电，启动反窃电处理流程。如用户仍需继续用电，待窃电处理完毕后，将电压联片恢复至正常状态后恢复供电。

窃电类型 4：人为改动电能表内部电路板接线部分，将电流短接或者将电压断开，造成电能表少计电量，如图 2-41 所示。

图 2-41　人为将电能表内部电路板电流信号回路接线短接

处理办法：现场利用钳形电流表（相位伏安表）测出实际负荷

的电流值，与电能表的计量电流值做比对，如图 2-42 所示，如果测得的电流值大于计量电流值，那么此用户便是重点疑似窃电用户，在采集系统中查询此电能表的开盖记录或利用手持终端现场查询开盖记录进行确认。如果确有开盖记录，则启动反窃电流程（具体为：在公安机关、司法公证处等权威第三方的见证下，通知用户封存表计送达法定计量检定机构进行误差测试并打开电能表大盖检查电路板电流采样等部分是否被改动，将鉴定结果作为查处窃电的依据）；如果没有开盖记录，查看表计左侧和背面有没有开孔痕迹，或者取出载波模块查看凹槽底部有没有开孔等破坏痕迹，如存在上述痕迹，启动反窃电流程。

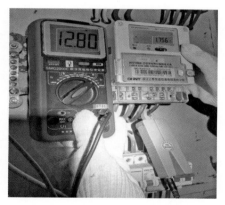

图 2-42 实际电流和电表显示电流值不一致

窃电类型 5：在电能表的内部电路板回路上加装电子遥控设备，通过手持遥控器随时控制电能表的运行方式（电能表正常计量、停止计量）。

处理办法：鉴别表封看是否被破坏或伪造，并在采集系统中查询此电能表的开盖记录或利用手持终端现场查询开盖记录，如果确有开盖记录，则启动反窃电流程。

第五章

监控考核

对目标台区线损治理后的效果进行跟踪监控，在采集系统里对相关指标数据进行验证、统计、分析，发现异常按照 "五步法"再次进行排查治理。

线损主管部门根据整改时限，对线损异常台区治理情况进行检查，依据台区同期线损管理责任制的有关方案，按期（日、周、月、季、年）对台区同期线损率指标完成情况进行评价考核，促进降损工作常态化进行。

第一节 目标台区监控

对目标台区整改后的指标（采集台区线损率、采集覆盖率、采集成功率等）进行后续的跟踪监控，持续关注其指标变化情况。

一、目标台区线损率监控

针对已治理的目标台区，监控其线损率情况。可通过采集系统考核单元台区线损分析功能进行查询。

【采集系统操作方法】高级应用 ≫ 台区同期线损 ≫ 线损统计 ≫ 台区线损统计 ≫ 日线损统计。输入目标台区编码，选择指定查询月份，点击查询，详情如图 2-43 所示。

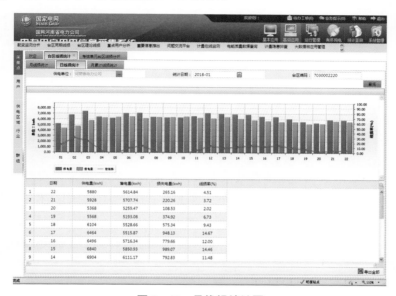

图 2-43 日线损统计图

根据系统展示的线损率曲线分析目标台区在治理后是否合格，若线损率持续三天合格，即为治理完成，工单归档；若仍存在高损或负损情况，则反馈给现场运维人员进行继续治理。

二、目标台区采集覆盖率监控

针对已治理的目标台区，监控其采集覆盖率变化情况，可通过采集系统采集覆盖率统计功能进行查询。

【采集系统操作方法】高级应用 ≫ 台区同期线损 ≫ 台区采集覆盖率 ≫ 采集覆盖明细。输入目标台区编码，选择指定查询日期，覆盖口径选择"采集档案完整且排除临时用的和农排"，点击查询，详情如图 2-44 所示。

图 2-44　台区采集覆盖率查询

可根据查询结果监控其采集覆盖情况，目标台区采集覆盖率为 100%，即为治理完成，工单归档；如目标台区下仍有电能表未实现采集覆盖，可进一步查看未实现覆盖的电能表明细，如图 2-45 所示。

图 2-45　台区采集覆盖率数据监控

根据明细中用户名称、用户编号、用户地址等信息，反馈给现场运维人员，进行再次治理，直至实现采集全覆盖。

三、目标台区采集成功率监控

针对已治理的目标台区，监控其采集成功率情况。可通过采集系统考核单元台区线损分析功能进行查询。

【采集系统操作方法】高级应用》台区同期线损》考核单元台区线损分析。输入目标台区编码，选择指定查询日期，点击查询，详情如图2-46所示。

图2-46 台区采集成功率查询

根据系统可查看目标台区采集成功率指标情况，如排除临时用电和农排后采集成功率为 100%，即治理完成，工单归档；如排除临时用电和农排后采集成功率小于 100%，可点击考核单元名称查询采集失败用户明细，如图2-47所示。

图2-47 采集失败用户明细

在台区用户电量明细表中，查找电能表终止示值是否存在，针对电能表终止示值不存在的用户，查询用户电能表示值是否存在，及示值状态是否为飞走、倒走、未下发测量点等异常情况。

【采集系统操作方法】统计查询 ≫ 数据查询分析 ≫ 基础数据查询。输入目标用户编码，选择指定查询日期区间，点击查询，详情如图 2-48 所示。

图 2-48　基础数据查询

根据系统显示查看示值是否存在，如不存在，反馈给运维人员进行现场治理；如示值存在，且示值状态为飞走或倒走，反馈给运维人员进行现场核查治理；如示值状态为未下发测量点，可直接在终端参数设置下发测量点。

【采集系统操作方法】运行管理 ≫ 现场管理 ≫ 终端参数设置，先对参数（除与系统主站通信有关的）及全体数据区初始化，具体如图 2-49 所示。

初始化完成，重启终端后，下发参数。

【采集系统操作方法】参数设置 ≫ 抄表配置 ≫ 终端电能表/交流采样装置配置参数，全部选中终端下所有电能表，点击参数下发，系统提示操作成功，即完成参数下发，如图 2-50 所示。

图 2-49 数据区初始化

图 2-50 参数下发

第二节 常态运行监控

对台区线损相关指标（采集覆盖率、采集成功率、异常档案数据、线损异常台区、反窃电等）进行常态化监控，持续关注其指标变化情况。

一、采集覆盖率监控

（1）在采集系统中针对未覆盖台区下发工单。

（2）对公变台区下零星用户未实现采集等情况进行统计，形成未实现采集覆盖用户清单。

（3）对于长期不用电等其他情况且未实现采集用户。采集监控人员将明细清单发送至营业人员进行及时清理，采集监控人员跟踪督促治理进度。

二、采集成功率监控

（1）采集监控人员监控月初零点数据采集工作，对采集失败用户形成清单。

（2）对长期不通用户等情况进行统计，形成长期不通用户清单。

三、异常档案数据监控

（1）采集监控人员对营销业务应用系统及用电信息采集台区档案进行比对，将采集点—台区对应关系不准确的档案发送至营业班进行核实。

（2）采集监控人员对线损准确计算但不合格的台区进行户变关系核查，并对营销业务应用系统、用电信息采集系统档案进行比对，梳理户表关系不正确的台区，确保一致率达到100%。

四、线损异常台区监控

采集监控人员梳理每月线损异常台区明细，对高损台区形成异常工单。

五、反窃电监控

采集监控人员整理线损可准确计算的高损台区明细，对疑似窃电用户形成工单。

第三节 指 标 考 核

线损主管部门根据整改时限，对线损异常台区治理情况进行检查，依据《台区方案》，按期（日、周、月、季、年）对台区同期线损率指标完成情况进行评价考核，促进降损工作常态化进行。

一、考核指标

考核及奖惩指标主要包括台区同期线损率、台区采集全覆盖、台区采集全抄通三个指标。每个台区按指标落实到责任人，并签订台区同期线损管理目标责任书（责任书模板见附录 B）。

二、考核对象

（一）台区同期线损率指标

由市、县供电公司的低压用电服务人员、营业人员以及供电所的配电营业人员承担，对该指标责任人进行考核奖惩。

（二）台区采集全覆盖指标

由市、县供电公司的装表接电人员、计量人员以及供电所的配电营业人员承担，对该指标责任人进行考核奖惩。

（三）台区采集全抄通指标

由市、县供电公司的采集运维人员、计量人员以及供电所的配电营业人员承担，对该指标责任人进行考核奖惩。

三、考核细则

可参考各供电企业制订的《台区同期线损考核及奖惩细则》。

第三篇

案例分析

第一章

考核表因素案例

 **案例 1-1** **电能表抄表失败**

×××市青年居二箱箱式变压器
（箱变）线损台区治理

（2018 年 5 月 28 日）

一、数据监控

监控小组通过用电信息采集系统监测青年居二箱箱变线损异常。该台区低压用户 279 户，日均供电量 750kWh 左右，售电量 4.56kWh 左右，日均损失电量约 745.44kWh，造成台区线损率达 99.28%，远超出 0～10% 的合格区间。查看用电信息采集系统一月线损数据，青年居二箱箱变台区线损率长期为 99.40% 左右。治理前台区日线损率变化统计图如图 1 所示。

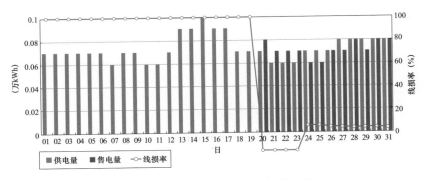

图1 治理前台区日线损率变化统计图

二、技术分析

对青年居二箱箱变高损情况进行分析,台区编号 N0000059545。该台区覆盖率 100%、采集成功率 1.01%。台区一月以上线损率高于99.40%;后台核查倍率无误,召测考核表电压、电流、反向有功、功率因数均正常,需现场人员核查户表抄表失败原因。

三、现场治理

通过排查台区的户变关系、关口表计及互感器的接线与倍率配置,均未发现异常。考虑到该台区采用 RS-485 线抄表,怀疑存在错接线。开展现场排查,发现大量采集器 RS-485 线接反,从而造成大批量电能表抄表失败。

四、治理结果

经过现场技术支持组对施工工艺进行监督、督促和现场纠正治理后,监控小组跟踪台区同期线损合格率指标变化情况,5 月24 日,青年居二箱箱变台区线损率已降到 10%以内。跟踪如图2和表 1 所示。

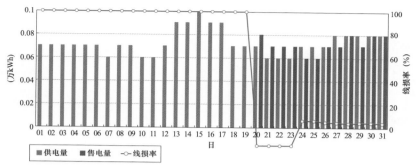

图2 治理后台区线损率变化统计图

表1 治理后线损情况统计表

日期	考核单元名称	供电量 (kWh)	售电量 (kWh)	线损量 (kWh)	线损率	线损 类型	采集 覆盖率	采集 成功率
5月24日	青年居二箱箱变	663.6	627.63	35.97	5.42%	正常	100.00%	100.00%
5月25日	青年居二箱箱变	660	623.44	36.56	5.54%	正常	100.00%	100.00%
5月26日	青年居二箱箱变	679.2	650.31	28.89	4.25%	正常	100.00%	100.00%
5月27日	青年居二箱箱变	754.8	724.56	30.24	4.01%	正常	100.00%	100.00%

 案例1-2 考核表失流

×××市南湖C区箱变线损台区治理

（2017年4月8日）

一、数据监控

监控小组通过用电信息采集系统监测南湖C区箱变线损异常。该台区低压用户216户，日供电量342kWh左右，售电量866kWh左右，每天损失电量约524kWh，造成台区线损率达−153.20%，远低于0～10%的合格区间。查看用电信息采集系统一周线损数据，"南湖C

区箱变"台区月度线损率与日线损率均不合格。治理前台区日线损率变化统计图如图 1 所示，治理前台区线损率变化情况如表 1 所示。

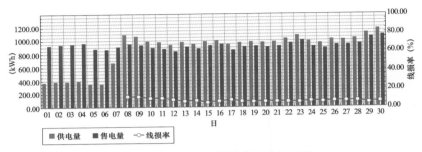

图 1　治理前台区日线损率变化统计图

表 1　　　　　　　　　治理前台区线损率变化情况

日期	考核单元名称	供电量（kWh）	售电量（kWh）	线损量（kWh）	线损率	线损类型	采集覆盖率	采集成功率
4 月 6 日	南湖 C 区箱变	342	866	− 524	− 153.20%	负损	100.00%	100.00%
4 月 5 日	南湖 C 区箱变	350	873	− 523	− 149.90%	负损	100.00%	100.00%
4 月 4 日	南湖 C 区箱变	384	957	− 573	− 149.20%	负损	100.00%	100.00%
4 月 3 日	南湖 C 区箱变	372	949	− 577	− 155.10%	负损	100.00%	99.08%
4 月 2 日	南湖 C 区箱变	374	936	− 562	− 150.20%	负损	100.00%	100.00%

二、技术分析

1. 月度线损率异常分析

（1）2017 年 1 月、2 月线损均为 − 100%。

原因分析：台区月供电量为 0，考核表示数一直未改变。

（2）2017 年 3 月线损为 91.45%，月供电量 352 992kWh、月售电量 30 191kWh、月线损量 322 801kWh。

原因分析：系统 3 月供电量 = 3 月 30 日电量数据 − 2 月 27 日电量数据［3 月月供电量 =（11 574.53 − 9809.57）× 200］，而由于 2 月 27 日供电量一直未改变导致 3 月月供电量偏大，从而造成了台区 3 月月线损为高损。

2. 日线损率异常分析

经过对该台区连续多日台区日线损情况监测发现，截至 2017 年 4 月 8 日，之前均为负线损。通过对比考核表电流曲线变化情况，发现在日线损为负损时，考核表 A 相电流偏小，初步推测为 A 相电流问题，需现场人员进行核实。

三、现场治理

对此台区进行现场勘查，发现考核表 A 相电流线有松动迹象，导致 A 相电流偏小，B、C 相电流正常，三相严重不平衡。通过现场技术支持组对 A 相电流线紧固处理后，电流恢复正常。

四、治理结果

监控小组跟踪台区线损指标变化情况，4 月 11 日，南湖 C 区箱变台区线损率已降到 10%以内，线损合格。跟踪图表如图 2 和表 2 所示。

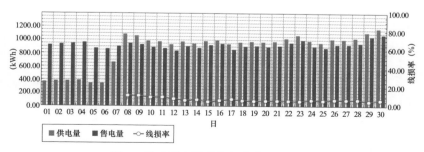

图 2　治理后台区日线损率变化统计图

表2　　　　　　　　治理后线损情况统计表

日期	考核单元名称	供电量(kWh)	售电量(kWh)	线损量(kWh)	线损率	线损类型	采集覆盖率	采集成功率
4月15日	南湖C区箱变	972	919	53	5.45%	正常	100.00%	100.00%
4月14日	南湖C区箱变	942	870	72	7.64%	正常	100.00%	100.00%
4月13日	南湖C区箱变	964	900	64	6.64%	正常	100.00%	100.00%
4月12日	南湖C区箱变	920	841	79	8.59%	正常	100.00%	100.00%
4月11日	南湖C区箱变	970	874	96	9.90%	正常	100.00%	100.00%

 **案例1-3** 营销系统台区考核表倍率与现场不一致

×××市合义台区线损治理

（2017年4月5日）

一、数据监控

监控小组通过用电信息采集系统监测到合义台区线损异常。该台区低压用户209户，日供电量129kWh左右，售电量497kWh左右，每天损失电量约368kWh，造成台区线损率达－285.20%，远低于 0～10%的合格区间。查看用电信息采集系统一周线损数据，合义台区线损率从3月31日之后线损率一直在－280%左右，台区负损，分别如图1和表1所示。

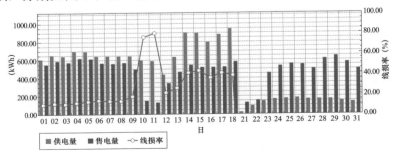

图1　治理前台区日线损率变化统计图

表1　治理前台区线损率变化情况

日期	考核单元	供电量（kWh）	售电量（kWh）	线损量（kWh）	线损率	线损类型	采集覆盖率	采集成功率
3月31日	合义台区	147	575	−428	−291.10%	负损	100.00%	96.67%
4月1日	合义台区	129	495	−366	−283.70%	负损	100.00%	99.05%
4月2日	合义台区	164	641	−477	−290.80%	负损	100.00%	99.05%

二、技术分析

对合义台区负线损情况进行分析，该台区采集成功率99.05%，采集覆盖率100%。根据造成台区负损的原因，首先对考核表进行分析。① 查询考核表电压电流数据，曲线正常，反向有功电量为0.41kWh，无变化、无异常。② 低压用户表计营销与用电信息采集系统档案一致，动力表11块倍率均为1，假设倍率不正确负损量更大，故排除。③ 参考连续多日供售电量变化情况，售电量变化量约为供电量变化量的4倍，初步判断考核表倍率30错误，如果将TA按120倍重新计算，台区线损合格。治理前台区供售电量变化情况如表2所示。

表2　治理前台区供售电量变化情况

日期	供电量（kWh）	售电量（kWh）	供电量变化量（kWh）	售电量变化量（kWh）	供售电量变化比例	采集成功率	采集覆盖率
3月30日	147	575	—	—	—	99.05%	100%
3月31日	129	495	减少18	减少80	22.50%	99.05%	100%
4月1日	164	641	增加35	增加146	23.97%	99.05%	100%
4月2日	154	599	减少10	减少42	23.81%	99.05%	100%
4月3日	159	615	增加5	增加20	25%	99.05%	100%
4月4日	129	497	减少30	减少118	25.42%	99.05%	100%

三、现场治理

对此台区进行现场勘查，现场检查考核表互感器倍率情况，铭牌上倍率为 600/5＝120 倍，故确认造成该台区负损的原因为考核表倍率错误。

四、治理结果

经过现场治理后，监控小组跟踪台区同期线损合格率指标变化情况，4 月 7 日，合义台区线损率 3.96%，考核表倍率调整为 120，台区线损合格。跟踪图表如图 2 和表 3 所示。

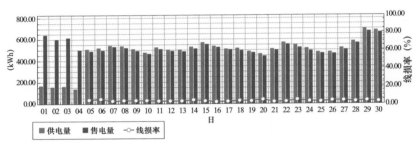

图 2　治理后台区日线损率变化统计图

表 3　　　　　　　　　治理后线损情况统计表

日期	考核单元	供电量 （kWh）	售电量 （kWh）	线损量 （kWh）	线损率	线损 类型	采集 覆盖率	采集 成功率
4 月 5 日	合义台区	505	485	20	3.96%	正常	100.00%	99.05%
4 月 6 日	合义台区	520	496	24	4.62%	正常	100.00%	99.05%
4 月 7 日	合义台区	542	528	14	2.58%	正常	100.00%	99.05%

 **台区考核表接线错误**

×××市张家门台区线损台区治理

（2017 年 8 月 1 日）

一、数据监控

监控小组通过用电信息采集系统监测张家门台区线损异常。该台区低压用户 46 户，日供电量 120kWh 左右，售电量 170kWh 左右，每天损失电量约 47kWh 左右，造成台区线损率达 −38.21%，远低于 0～10% 的合格区间。查看用电信息采集系统一周线损数据，张家门台区线损长期为 −40% 左右。治理前台区日线损率变化统计图如图 1 所示，治理前台区线损率变化情况如表 1 所示。

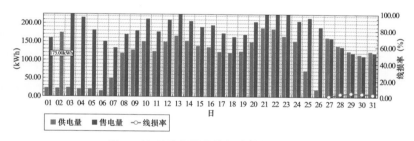

图 1　治理前台区日线损率变化统计图

表 1　　　　　　　治理前台区线损率变化情况　　　　　　　A

日期	考核单元名称	供电量（kWh）	售电量（kWh）	线损量（kWh）	线损率	线损类型	采集覆盖率	采集成功率
7 月 17 日	张家门台区	122	173	−51	−41.80%	负损	100.00%	100.00%
7 月 18 日	张家门台区	118	164	−46	−38.98%	负损	100.00%	100.00%
7 月 19 日	张家门台区	123	170	−47	−38.21%	负损	100.00%	100.00%
7 月 20 日	张家门台区	149	204	−55	−36.91%	负损	100.00%	100.00%
7 月 21 日	张家门台区	188	262	−74	−39.36%	负损	100.00%	100.00%

二、技术分析

对张家门台区负线损情况进行分析。该台区覆盖率 100%、采集成功率 100%。台区 5 天的日线损率均在 –40% 左右；后台核查倍率无误，召测考核表电压、电流、反向有功，发现 A、C 两相电流为负，A、C 两相有功功率为负，分析 A、C 两相互感器接线错误，导致考核表计量失真，需现场人员进行核实。

表 2 为张家门台区电流曲线数据。

序号	日期	用户名称	相序	00:00	00:15	00:30	00:45	01:00	01:15	01:30	01:45
							张家门台区电流曲线数据				
1			A 相	− 0.533	− 0.293	− 0.186	− 0.442	− 0.102	− 0.319	− 0.443	− 0.195
2	7 月 1 日	张家门	B 相	1.624	0.968	1.545	1.579	1.018	0.834	0.852	0.893
3			C 相	− 0.224	− 0.272	− 0.221	− 0.256	− 0.216	− 0.155	− 0.179	− 0.194

表 2 张家门台区电流曲线数据

三、现场治理

对此台区进行现场勘查，发现现场 A、C 两相电流线接线反接，如图 2 所示。经现场调整、线路整改后，电流曲线数据恢复正常。

图 2 现场错误接线照片

四、治理结果

经过现场技术支持组纠正治理后，监控小组跟踪台区同期线损合格率指标变化情况，7月26日张家门台区线损率已降到10%以内。跟踪图表如图3和表3所示。

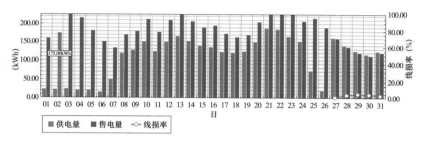

图3 治理后台区日线损率变化统计图

表3   治理后线损情况统计表

日期	考核单元名称	供电量（kWh）	售电量（kWh）	线损量（kWh）	线损率	线损类型	采集覆盖率	采集成功率
7月27日	张家门台区	161	159	2	1.24%	正常	100.00%	100.00%
7月28日	张家门台区	140	136	4	2.86%	正常	100.00%	100.00%
7月29日	张家门台区	125	120	5	4.00%	正常	100.00%	100.00%
7月30日	张家门台区	116	111	5	4.31%	正常	100.00%	100.00%

 案例 1-5 计量故障——线路接触不良

×××市罗村4号台区线损台区治理

（2017年8月1日）

一、数据监控

监控小组通过用电信息采集系统监测罗村4号台区线损异常。

该台区低压用户 196 户，日供电量 965kWh 左右，售电量 1487kWh 左右，每天损失电量约 522kWh 左右，造成台区线损率达 -54.09%，远低于 0～10%的合格区间。查看用电信息采集系统一周线损数据，罗村 4 号台区线损长期为 -55%左右。分别如图 1 和表 1 所示。

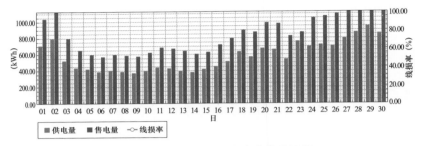

图 1　治理前台区日线损率变化统计图

表 1　　　　　　　　治理前台区线损率变化情况

日期	考核单元名称	供电量（kWh）	售电量（kWh）	线损量（kWh）	线损率	线损类型	采集覆盖率	采集成功率
7 月 1 日	罗村 4 号台区	948	1426	-478	-50.42%	负损	100.00%	100.00%
7 月 2 日	罗村 4 号台区	1014	1532	-518	-51.08%	负损	100.00%	100.00%
7 月 3 日	罗村 4 号台区	1140	1732	-592	-51.93%	负损	100.00%	100.00%
7 月 4 日	罗村 4 号台区	1372	2056	-684	-49.85%	负损	100.00%	100.00%
7 月 5 日	罗村 4 号台区	965	1487	-522	-54.09%	负损	100.00%	100.00%

二、技术分析

对罗村 4 号台区负线损情况进行分析。该台区覆盖率 100%、采集成功率 100%。台区一周以上线损率为 -55%左右；后台核查倍率无误，召测考核表电压、电流、反向有功，C 相有功功率为零，分析 C 相断相，导致考核表计量失准，需现场人员进行核实。

表 2 为罗村 4 号台区电压曲线数据。

表2　　　　　　　　　罗村4号台区电压曲线数据　　　　　　　　　　V

序号	数据日期	用户名称	相序	00:00	00:15	00:30	00:45	01:00	01:15	01:30	01:45
1			A相	236.4	235.6	237.4	235.7	236	235.9	236.4	236.9
2	7月1日	罗村4号台区	B相	237.1	235.7	237.3	236.6	236.5	236.3	236.9	237.2
3			C相	0	0	0	0	0	0	0	0

三、现场治理

对台区进行现场勘查，发现现场 C 相电压线虚接接触不良，经现场整改、重新接线后该台区电压已恢复正常。

四、治理结果

经过现场技术支持组治理后，C 相电压曲线恢复正常，监控小组跟踪台区同期线损合格率指标变化情况，7 月 8 日，罗村 4 号台区线损率已降到10%以内。跟踪图表如图 2 和表 3 所示。

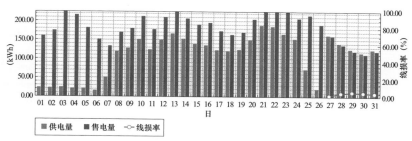

图 2　治理后台区日线损率变化统计图

表3　　　　　　　　　治理后线损情况统计表

日期	考核单元名称	供电量(kWh)	售电量(kWh)	线损量(kWh)	线损率	线损类型	采集覆盖率	采集成功率
7月8日	罗村4号台区	1561	1446	115	7.37%	正常	100.00%	100.00%
7月9日	罗村4号台区	1714	1573	141	8.23%	正常	100.00%	100.00%
7月10日	罗村4号台区	1553	1423	130	8.37%	正常	100.00%	100.00%
7月11日	罗村4号台区	1442	1408	34	2.36%	正常	100.00%	100.00%

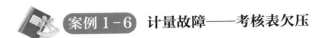

案例 1-6 计量故障——考核表欠压

×××市紫罗兰小区箱变线损治理

（2018 年 7 月 18 日）

一、数据监控

监控小组通过用电信息采集系统监测紫罗兰小区箱变线损异常。该台区低压用户 140 户，日供电量 664kWh 左右，售电量 900kWh 左右，每天损失电量约 236kWh 左右，造成台区线损率达 −35.54%，远低于 0～10% 的合格区间。查看用电信息采集系统一周线损数据，紫罗兰小区台区月度线损率与日线损率均不合格，如表 1 所示。

表 1　　　　　　　　　治理前台区线损率变化情况

日期	考核单元名称	供电量（kWh）	售电量（kWh）	线损量（kWh）	线损率	线损类型	采集覆盖率	采集成功率
7月4日	紫罗兰小区箱变	634	930.18	−296.18	−46.72%	负损	100.00%	100.00%
7月3日	紫罗兰小区箱变	664	870.88	−206.88	−31.16%	负损	100.00%	100.00%
7月2日	紫罗兰小区箱变	616	1008.49	−392.49	−63.72%	负损	100.00%	100.00%
7月1日	紫罗兰小区箱变	712	1019.43	−307.43	−43.18%	负损	100.00%	100.00%

二、技术分析

对紫罗兰小区台区负线损情况进行分析，该台区采集成功率 100%，采集覆盖率 100%。根据造成台区负损的原因，后台核查总表倍率与营销系统无误，采集用户档案与营销系统用户档案一致。通过查询考核表电压电流数据曲线，发现考核表 B 相电压值偏小。

三、现场治理

对此台区进行现场勘查，发现台区考核表欠压，导致台区线损异常，对考核表进行维护（更换过程中对该台区考核表现场环境进行核查维护），确保考核表正常工作，使电流、电压曲线数据恢复正常。

四、治理结果

经过现场技术支持组整改，三相电压恢复正常，监控小组跟踪台区同期线损合格率指标变化情况，7 月 13 日后，紫罗兰小区箱变台区线损率已降到 10%以内，变化情况如表 2 所示。

表 2　　　　　　　　　治理后台区线损率变化情况

日期	考核单元名称	供电量（kWh）	售电量（kWh）	线损量（kWh）	线损率	线损类型	采集覆盖率	采集成功率
7 月 16 日	紫罗兰小区箱变	1232	1191.15	40.85	3.32%	正常	100.00%	100.00%
7 月 15 日	紫罗兰小区箱变	1304	1263.8	40.20	3.08%	正常	100.00%	100.00%
7 月 14 日	紫罗兰小区箱变	976	942.05	33.95	3.48%	正常	100.00%	100.00%
7 月 13 日	紫罗兰小区箱变	808	774.11	33.89	4.19%	正常	100.00%	100.00%

第二章
挂接关系因素案例

 **案例 2-1** **交叉挂接错误**

×××市台区交叉挂接错误线损

（2018 年 7 月 23 日）

一、数据监控

监控小组通过用电信息采集系统监测"20317 滨河路昌建外滩东北角 3 号变压器、20318 滨河路昌建外滩东北角 4 号变压器"线损异常。20317 滨河路昌建外滩东北角 3 号变压器台区低压用户 121 户，日供电量 360kWh 左右，售电量 281kWh 左右，每天损失电量约 78kWh，造成台区线损率达 21.91%。查看用电信息采集系统 3 天线损数据，"20317 滨河路昌建外滩东北角 3 号变压器"台区日线损率不合格，如表 1 所示。

表1 治理前台区线损率变化情况

日期	考核单元名称	供电量（kWh）	售电量（kWh）	线损量（kWh）	线损率	线损类型	采集覆盖率	采集成功率
6月10日	20317 滨河路昌建外滩东北角3号变压器	360	281.11	78.89	21.91%	高损	100.00%	65.56%
6月11日	20317 滨河路昌建外滩东北角3号变压器	430.4	339.94	90.46	21.02%	高损	100.00%	98.02%
6月12日	20317 滨河路昌建外滩东北角3号变压器	568	436.13	131.87	23.22%	高损	100.00%	98.02%

20318 滨河路昌建外滩东北角4号变压器台区低压用户122户，日供电量 462kWh 左右，售电量 508kWh 左右，每天损失电量约 45kWh，造成台区线损率达 -9.92%，远低于 $0\sim10\%$ 的合格区间。查看用电信息采集系统一周线损数据，"20318 滨河路昌建外滩东北角4号变压器"台区日线损率均不合格，如表2所示。

表2 治理前台区线损率变化情况

日期	考核单元名称	供电量（kWh）	售电量（kWh）	线损量（kWh）	线损率	线损类型	采集覆盖率	采集成功率
6月10日	20318 滨河路昌建外滩东北角4号变压器	462.4	508.25	-45.85	-9.92%	负损	100.00%	100.00%
6月11日	20318 滨河路昌建外滩东北角4号变压器	492.8	556.86	-64.06	-13.00%	负损	100.00%	100.00%
6月12日	20318 滨河路昌建外滩东北角4号变压器	617.6	703.06	-85.46	-13.84%	负损	100.00%	100.00%

二、技术分析

（1）对 20317 滨河路昌建外滩东北角3号变压器台区进行分析：后台核查营销、用电信息采集系统用户数量一致（均为121户）；后台查询考核表综合倍率，倍率一致（均为160）；在用电信息采集系统基础数据里查询该台区下低压用户状态，未发现电量突变用户，状态正常；对该台区电能表配置参数进行对比，参数无异常；经查询，该台区无光伏用户，排除光伏用户线损影响；经查询，该台区三相电流、电压均正常，无失压失流现象；经查询该台区6月10～12日采集成功率未达到100%，应优先确保采集成功率为100%。

（2）20318滨河路昌建外滩东北角4号变压器台区进行分析：后台核查营销、用电信息采集系统用户数量一致（均为122户）；后台查询考核表综合倍率，倍率一致（均为160）；在用电信息采集系统基础数据里查询该台区下低压用户状态，未发现电量突变用户，状态正常；对该台区电能表配置参数进行对比，参数无异常；经查询，该台区无光伏用户，排除光伏用户线损影响；经查询，该台区三相电流、电压均正常，无失压失流现象。

经过分析初步判断导致20317台区线损不合格的原因可能为用户数据未采集完整，但不排除两个台区用户交叉挂接错误导致线损不合格，需要现场实地进行排查。

三、现场治理

对20317、20318两个台区进行现场勘查，首先对20317台区采集成功率进行治理，通过台区识别仪现场核查发现存在19户交叉挂接错误，以致两个台区线损不合格。

四、治理结果

经过现场技术支持组治理后，对20317、20318两台区挂接错误用户进行更正后，监控小组跟踪台区同期线损合格率指标变化情况，6月13日"20317滨河路昌建外滩东北角3号变压器"和"20318滨河路昌建外滩东北角4号变压器"两台区线损率已降到10%以内，本台区线损合格，数据恢复正常。治理后线损情况统计表如表3和表4所示。

表 3　　　　　　　　治理后线损情况统计表

日期	考核单元名称	供电量（kWh）	售电量（kWh）	线损量（kWh）	线损率	线损类型	采集覆盖率	采集成功率
6月13日	20317 滨河路昌建外滩东北角 3 号变压器	628.8	604.69	24.11	3.83%	正常	100.00%	100.00%
6月14日	20317 滨河路昌建外滩东北角 3 号变压器	648	622.33	25.67	3.96%	正常	100.00%	100.00%

表 4　　　　　　　　治理后线损情况统计表

日期	考核单元名称	供电量（kWh）	售电量（kWh）	线损量（kWh）	线损率	线损类型	采集覆盖率	采集成功率
6月13日	20318 滨河路昌建外滩东北角 4 号变压器	721.6	709.08	12.52	1.74%	正常	100.00%	100.00%
6月14日	20318 滨河路昌建外滩东北角 4 号变压器	718.4	697.7	20.7	2.88%	正常	100.00%	100.00%

 案例 2-2 台区用户挂接错误

×××市台区用户挂接错误

一、数据监控

监控小组通过用电信息采集系统监测到"20301 公用变压器"台区线损异常。该台区低压用户 85 户，日供电量 400kWh 左右，售电量 300kWh 左右，每天损失电量约 80kWh，造成台区线损率达 21%，远超出 0～10%的合格区间。查看用电信息采集系统最近几天的线损数据，发现"20301 公用变压器"台区线损长期处于 20%左右，如表 1 所示。

表1   治理前台区 **20301** 线损率变化情况

日期	考核单元名称	供电量（kWh）	售电量（kWh）	线损量（kWh）	线损率	线损类型	采集覆盖率	采集成功率
6 月 20 日	20301 公用变压器	408.8	331.64	77.16	18.87%	高损	100.00%	100.00%
6 月 21 日	20301 公用变压器	392.8	313.13	79.67	20.28%	高损	100.00%	100.00%
6 月 22 日	20301 公用变压器	400.8	315.22	85.58	21.35%	高损	100.00%	100.00%
6 月 23 日	20301 公用变压器	443.2	352.27	90.93	20.52%	高损	100.00%	100.00%
6 月 24 日	20301 公用变压器	517.6	421.51	96.09	18.56%	高损	100.00%	100.00%

　　同时通过用电信息采集系统监测到与 20301 公用变压器相邻的"20302 公用变压器"台区线损异常。与 20301 台区高损的情况相反，该台区一直为负损状态。20302 台区低压用户 97 户，日供电量 400kWh 左右，售电量 500kWh 左右，每天损失电量约 −70kWh，造成台区线损率达 −20%，远低于 0～10% 的合格区间。查看用电信息采集系统最近几天线损数据，"20302 公用变压器"台区线损长期处于 −19% 左右，如表 2 所示。

表2   治理前台区 **20302** 线损率变化情况

日期	考核单元名称	供电量（kWh）	售电量（kWh）	线损量（kWh）	线损率	线损类型	采集覆盖率	采集成功率
6 月 20 日	20302 公用变压器	352.8	415.54	− 62.74	− 17.78%	负损	100.00%	100.00%
6 月 21 日	20302 公用变压器	336.8	402.6	− 65.8	− 19.54%	负损	100.00%	100.00%
6 月 22 日	20302 公用变压器	427.2	495.73	− 68.53	− 16.04%	负损	100.00%	100.00%
6 月 23 日	20302 公用变压器	445.6	522.16	− 76.56	− 17.18%	负损	100.00%	100.00%
6 月 24 日	20302 公用变压器	529.6	604	− 74.4	− 14.05%	负损	100.00%	100.00%

二、技术分析

技术支持小组首先对两个台区进行异常档案分析，梳理考核总表及低压户表计量档案信息，保证营销、用电信息采集系统、现场三套档案一致。

通过对比"20302 公用变压器"营销与用电信息采集系统中用户档案，发现营销系统中为 89 户，用电信息采集系统中为 97 户，存在 8 户档案异常，且这 8 户的总用电量与两台区每日产生的线损量较为接近，疑似两台区因挂接错误导致的线损异常，需现场核对用户情况，如表 3 所示。

表 3   20302 台区档案异常用户情况

台区编号	台区名称	用户编号	用户名称	电能表电量（kWh）
N0000072994	20302 公用变压器	0048632195	锦鸿柳江名苑一号楼一单元楼道照明	0.12
N0000072994	20302 公用变压器	0048632209	锦鸿柳江名苑一号楼二单元楼道照明	0.1
N0000072994	20302 公用变压器	0048632241	锦鸿柳江名苑二号楼二单元楼道照明	0.19
N0000072994	20302 公用变压器	0048632238	锦鸿柳江名苑二号楼一单元楼道照明	0
N0000072994	20302 公用变压器	5139781729	漯河市森之源装饰工程有限公司	81.47
N0000072994	20302 公用变压器	0048632212	锦鸿柳江名苑一号楼三单元楼道照明	0.1
N0000072994	20302 公用变压器	0048632254	锦鸿柳江名苑二号楼三单元楼道照明	1.38
N0000072994	20302 公用变压器	0048632225	锦鸿柳江名苑一号楼四单元楼道照明	0

后台监测到用户编号为 0048632195、0048632209、0048632241、0048632238、5139781729、0048632212、0048632254、0048632225

的用户存在档案异常。

三、现场治理

对 20301、20302 台区进行现场勘查，发现两台区距离较近。20302 台区档案异常的 8 户用户表计挂接在 20301 台区，由此确认，这是造成两个台区线损率一高一负的主要原因，需调整台区与用户的挂接关系。

四、治理结果

经过调整台区用户挂接关系后，跟踪两个台区同期线损合格率指标变化情况，截至 6 月 26 日，20301、20302 公用变压器台区线损率已恢复到 10%以内，台区线损率已合格，数据恢复正常。治理后数据情况表如表 4 所示。

表 4 治理后数据情况表

日期	考核单元名称	供电量 (kWh)	售电量 (kWh)	线损量 (kWh)	线损率	线损类型	采集覆盖率	采集成功率
6 月 25 日	20302 柳江路西段锦鸿小区北	788.8	902.45	−113.65	−14.41%	负损	100.00%	100.00%
6 月 26 日	20302 柳江路西段锦鸿小区北	724.8	715.7	9.1	1.26%	正常	100.00%	100.00%
6 月 27 日	20302 柳江路西段锦鸿小区北	765.6	752.39	13.21	1.73%	正常	100.00%	100.00%
6 月 25 日	20301 柳江路西段锦鸿小区南	690.4	548.95	141.45	20.49%	高损	100.00%	100.00%
6 月 26 日	20301 柳江路西段锦鸿小区南	769.6	754.8	14.8	1.92%	正常	100.00%	100.00%
6 月 27 日	20301 柳江路西段锦鸿小区南	676.8	663.32	13.48	1.99%	正常	100.00%	100.00%

 **案例 2-3** **营销系统档案户变挂接关系错误**

×××市湖光二配配变台区

（2017 年 10 月 25 日）

一、数据监控

监控小组通过用电信息采集系统监测湖光二配配变台区线损异常。该台区低压用户 169 户，日供电量 1392kWh 左右，售电量 612kWh 左右，每天损失电量约 780kWh，造成台区线损率达 56.03%，远超出 0～10%的合格区间。查看用电信息采集系统治理前一周线损线损数据，湖光二配配变台区线损率长期处于 54%左右。分别如图 1 和表 1 所示。

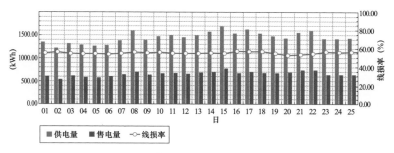

图 1　治理前台区日线损率变化统计图

表 1　　　　　　　　　治理前台区线损率变化情况

日期	考核单元名称	供电量（kWh）	售电量（kWh）	线损量（kWh）	线损率	线损类型	采集覆盖率	采集成功率
10 月 25 日	湖光二配配变	1392	612	780	56.03%	高损	100.00%	100.00%
10 月 24 日	湖光二配配变	1380	612	768	55.65%	高损	100.00%	100.00%

续表

日期	考核单元名称	供电量（kWh）	售电量（kWh）	线损量（kWh）	线损率	线损类型	采集覆盖率	采集成功率
10月23日	湖光二配配变	1372	601	771	56.20%	高损	100.00%	100.00%
10月22日	湖光二配配变	1552	709	843	54.32%	高损	100.00%	100.00%
10月21日	湖光二配配变	1508	714	794	52.65%	高损	100.00%	100.00%

二、技术分析

按照"五步法"对湖光二配配变台区线损情况进行系统分析。该台区覆盖率 100.00%，采集成功率 100.00%。台区线损率一直在 54%左右；后台核查考核表电压、电流正常、倍率无误，低压用户户表不存在电能表开盖记录。后台查看得知湖光二配配变台区与湖光三配配变台区一个台区为高损，一个台区为负损，初步判断存在挂接关系错误，即实际湖光二配配变台区的部分户表档案信息在湖光三配配变台区。需现场人员核实真实的挂接关系：达到采集点—台区—表计——对应。

三、处理结果

经过现场技术支持组用台区识别仪完成现场用户档案挂接关系核实最终确认湖光二配配变台区的 209 户户表档案信息错误的挂接在湖光三配配变台区，经调整台区用户关系，监控小组跟踪台区同期线损合格率指标变化情况，10 月 27 日，湖光二配配变台区线损率已降到 10%以内。跟踪图表如图 2 和表 2 所示。

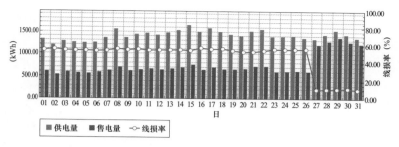

图 2　治理后台区日线损率变化统计图

表 2　　　　　　治理后线损情况统计表

日期	考核单元名称	供电量（kWh）	售电量（kWh）	线损量（kWh）	线损率	线损类型	采集覆盖率	采集成功率
10 月 31 日	湖光二配配变	1356	1240	116	8.57%	正常	100.00%	100.00%
10 月 30 日	湖光二配配变	1428	1293	135	9.44%	正常	100.00%	100.00%
10 月 29 日	湖光二配配变	1520	1368	152	9.99%	正常	100.00%	100.00%
10 月 28 日	湖光二配配变	1428	1286	142	9.95%	正常	100.00%	100.00%
10 月 27 日	湖光二配配变	1328	1197	131	9.89%	正常	100.00%	100.00%

 案例 2-4　档案因素——台区用户档案挂接关系错误

×××市双拥路南台区用户档案挂接关系错误

（2017 年 6 月 22 日）

一、数据监控

监控小组通过用电信息采集系统监测双拥路南台区线损异常。该台区低压用户 92 户，日供电量 1052kWh 左右，售电量 2405kWh

左右，每天损失电量约 1535kWh，造成台区线损率达 –128.61%，远低于 0～10%的合格区间。查看用电信息采集系统一周线损数据，双拥路南台区线损长期处于 –140%左右。分别如图 1 和表 1 所示。

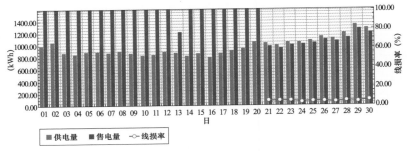

图 1   治理前台区日线损率变化统计图

表 1　　　　　　　　　治理前台区线损率变化情况表

日期	考核单元名称	供电量（kWh）	售电量（kWh）	线损量（kWh）	线损率	线损类型	采集覆盖率	采集成功率
6 月 20 日	双拥路南	1052	2405	– 1353	– 128.61%	负损	100.00%	100.00%
6 月 19 日	双拥路南	942	2321	– 1379	– 146.39%	负损	100.00%	100.00%
6 月 18 日	双拥路南	906	2163	– 1257	– 138.74%	负损	100.00%	100.00%
6 月 17 日	双拥路南	862	2233	– 1371	– 159.05%	负损	100.00%	100.00%
6 月 16 日	双拥路南	786	1751	– 965	– 122.77%	负损	100.00%	100.00%

二、技术分析

对双拥路南台区负线损情况进行分析。该台区覆盖率、采集成功率均为 100%。台区连续一周线损率在 –146%～ –128%；后台核查考核表电压、电流正常、倍率无误。后台查看表计档案得知双拥路南台区与双拥路台区存在挂接关系错误，即实际双拥路台区的户表档案信息在双拥路南台区。需现场人员核实真实的挂接关系：达到采集点一台区一表计一一对应。治理前双拥路南台区用户挂接关系表如表 2 所示。

表 2　　　　　　　治理前双拥路南台区用户挂接关系表

采集点名称	行政区划码	终端地址	用户编号	用户名称	计量点名称	台区编号	台区名称
双拥路南采集点	759	20068	7580498756	张××	张××	0000633709	双拥路台区
双拥路南采集点	759	20068	7580546701	赵××	赵××	0000633709	双拥路台区
双拥路南采集点	759	20068	7580257841	王××	王××	0000633709	双拥路台区
双拥路南采集点	759	20068	7580571457	李×	李×	0000633709	双拥路台区
双拥路南采集点	759	20068	7580449001	李××	李××	0000633709	双拥路台区
双拥路南采集点	759	20068	7580258308	刘××	刘××	0000633709	双拥路台区
双拥路南采集点	759	20068	7580546703	崔××	崔××	0000633709	双拥路台区
双拥路南采集点	759	20068	7580257999	唐××	唐××	0000633709	双拥路台区
双拥路南采集点	759	20068	7580498753	吕××	吕××	0000633709	双拥路台区
双拥路南采集点	759	20068	7580546655	高××	高××	0000633709	双拥路台区
双拥路南采集点	759	20068	7580571454	张××	张××	0000633709	双拥路台区
双拥路南采集点	759	20068	7580257804	王××	王××	0000633709	双拥路台区
双拥路南采集点	759	20068	7580258068	袁××	袁××	0000633709	双拥路台区

三、处理结果

经过现场技术支持组完成现场用户档案挂接关系核实与调整，

　　监控小组跟踪台区同期线损合格率指标变化情况，7月21日，双拥路南台区线损率已降到10%以内。跟踪图表如图2和表3所示。

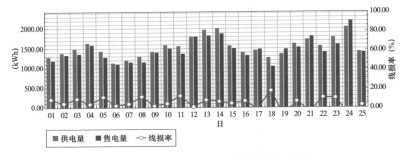

图2　治理后台区日线损率变化统计图

表3　　　　　　　　　治理后线损情况统计表

日期	考核单元名称	供电量（kWh）	售电量（kWh）	线损量（kWh）	线损率	线损类型	采集覆盖率	采集成功率
7月25日	双拥路南	1414	1382	32	2.26%	正常	100.00%	100.00%
7月24日	双拥路南	2024	2188	−164	−8.1%	负损	100.00%	100.00%
7月23日	双拥路南	1771	1599	172	9.71%	正常	100.00%	100.00%
7月22日	双拥路南	1536	1380	156	10.16%	高损	100.00%	100.00%
7月21日	双拥路南	1719	1799	−80	−4.65%	负常	100.00%	100.00%

第三章

采集失败因素案例

 **案例 3-1** 电能表未下参数造成抄表失败

×××市省直房屋一配1号变压器线损台区治理

（2018 年 6 月 18 日）

一、数据监控

监控小组通过用电信息采集系统监测省直房屋一配 1 号变压器线损异常。该台区低压用户 225 户，日均供电量 932kWh 左右，售电量 822kWh 左右，日均损失电量约 110kWh，造成台区线损率达 11.80%，超出 0～10%的合格区间。查看用电信息采集系统一月线损数据，省直房屋一配 1 号变压器台区线损长期为 11.73%左右，如图 1 所示。

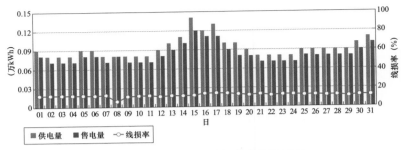

图1　治理前台区日线损率变化统计图

二、技术分析

对覆盖省直房屋一配1号变压器高损情况进行分析。该台区采集覆盖率100%、采集成功率89.78%，后台核查倍率无误，召测考核表电压、电流、反向有功、功率因数均正常，系统中有21块电能表未下参数造成抄表失败，需现场人员核查21块电能表抄表失败原因并核实引起线损异常的真正原因。

三、现场治理

对此台区进行现场勘查，该台区总表校验排查无异常，无户变挂接错误，不存在无表用电。现场通过核查21块抄表失败电能表信息和系统中一致，不存在别的异常。

四、治理结果

技术支持组在营销和用电信息采集系统中对失败电能表进行分析查找，原因为存在在途工单已完成但未完成归档，在系统中虽然通过参数设置处下发参数，但是根据线损计算规则未归档的电能表即使数据抄回来也作为异常数据不做统计计算，通过营销系统中工单的归档，6月12日，省直房屋一配1号变压器台区线损率已降到10%以内。跟踪图表如图2和表1所示。

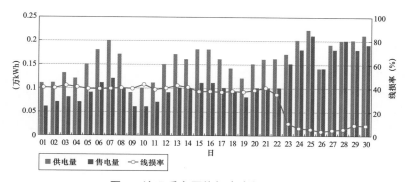

图 2　治理后台区线损率变化统计图

表 1　　　　　　　　治理后线损情况统计表

日期	考核单元名称	供电量 （kWh）	售电量 （kWh）	线损量 （kWh）	线损率	线损 类型	采集 覆盖率	采集 成功率
6 月 12 日	省直房屋一配 1 号变压器	1132	1038.46	93.54	8.26%	正常	100.00%	100.00%
6 月 13 日	省直房屋一配 1 号变压器	1056	971.05	84.95	8.04%	正常	100.00%	100.00%
6 月 14 日	省直房屋一配 1 号变压器	1076	990.8	85.2	7.92%	正常	100.00%	100.00%
6 月 15 日	省直房屋一配 1 号变压器	1160	1100.1	59.9	5.16%	正常	100.00%	100.00%

 案例 3-2 **电能表载波模块方案不一致造成采集失败**

×××市马庄桥公用 3 号台区治理

（2017 年 7 月 2 日）

一、数据监控

监控小组通过用电信息采集系统监测马庄桥公用 3 号台区线损异常。该台区低压用户 48 户，日供电量 430kWh 左右，售电量 349kWh

左右，每天损失电量约 81kWh，造成台区线损率达 18.84%，超出 0～10%的合格区间。查看用电信息采集系统一周线损数据，马庄桥公用 3 号台区线损长期为 16%左右，分别如图 1 和表 1 所示。

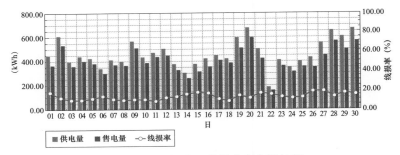

图 1　治理前台区日线损率变化统计图

表 1　　　　　　　　治理前台区线损率变化情况

日期	考核单元名称	供电量（kWh）	售电量（kWh）	线损量（kWh）	线损率	线损类型	采集覆盖率	采集成功率
6 月 30 日	马庄桥公用 3 号台区	672	569	103	15.33%	高损	100.00%	93.88%
6 月 29 日	马庄桥公用 3 号台区	605	501	104	17.19%	高损	100.00%	93.88%
6 月 28 日	马庄桥公用 3 号台区	654	569	85	13.00%	高损	100.00%	93.88%
6 月 27 日	马庄桥公用 3 号台区	553	452	101	18.26%	高损	100.00%	93.88%
6 月 26 日	马庄桥公用 3 号台区	430	349	81	18.84%	高损	100.00%	93.88%

二、技术分析

对马庄桥公用 3 号台区高线损情况进行分析。该台区覆盖率 100%、采集成功率 93.88%，台区一周以上线损率在 15%以上，用电信息采集系统、营销系统档案无异常，后台排查倍率无误，召测考核表电压、电流、反向有功无异常。需要现场勘查抄表失败的原因。

三、现场治理

对此台区进行现场勘查，发现现场表计载波模块方案不一致，造成采集失败，立即安排一线运维人员进行模块更换。

四、治理结果

经过现场技术支持人员治理后，监控小组跟踪台区同期线损合格率指标变化情况，7月5日，马庄桥公用3号台区线损率已降到10%以内。台区线损指标跟踪情况如图2和表2所示。

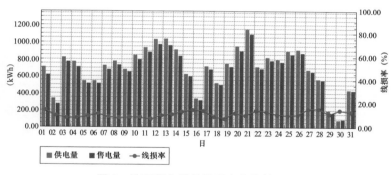

图2　治理后台区日线损率变化统计图

表2　　　　　　　　治理后线损情况统计表

日期	考核单元名称	供电量（kWh）	售电量（kWh）	线损量（kWh）	线损率	线损类型	采集覆盖率	采集成功率
7月7日	马庄桥公用3号台区	725	680	45	6.21%	正常	100.00%	100.00%
7月6日	马庄桥公用3号台区	542	512	30	5.54%	正常	100.00%	100.00%
7月5日	马庄桥公用3号台区	541	511	30	5.55%	正常	100.00%	100.00%

续表

日期	考核单元名称	供电量(kWh)	售电量(kWh)	线损量(kWh)	线损率	线损类型	采集覆盖率	采集成功率
7月4日	马庄桥公用3号台区	770	712	58	7.53%	正常	100.00%	100.00%
7月3日	马庄桥公用3号台区	814	769	45	5.53%	正常	100.00%	100.00%

 案例3-3 **电能表载波模块故障造成采集失败**

×××市朝阳镇老仓凹台区治理

（2017年8月1日）

一、数据监控

监控小组通过用电信息采集系统监测朝阳镇老仓凹台区线损异常。该台区低压用户51户，日供电量404kWh左右，售电量322kWh左右，每天损失电量约82kWh，造成台区线损率达20.52%，高于0～10%的合格区间。查看用电信息采集系统一周线损数据，朝阳镇老仓凹台区线损长期为18%左右，分别如图1和表1所示。

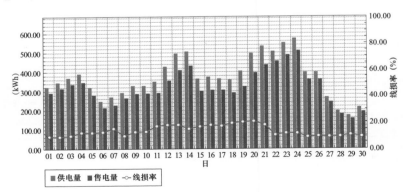

图1 治理前台区日线损率变化统计图

表1　　　　　　　　　治理前台区线损率变化情况

日期	考核单元名称	供电量（kWh）	售电量（kWh）	线损量（kWh）	线损率	线损类型	采集覆盖率	采集成功率
7月19日	朝阳镇老仓凹台区	404	322	82	20.30%	高损	100.00%	98.25%
7月20日	朝阳镇老仓凹台区	494	393	101	20.45%	高损	100.00%	97.25%
7月21日	朝阳镇老仓凹台区	529	433	96	18.15%	高损	100.00%	98.26%
7月22日	朝阳镇老仓凹台区	504	452	62	15.26%	高损	100.00%	98.26%
7月23日	朝阳镇老仓凹台区	579	484	70	18.55%	高损	100.00%	98.26%

二、技术分析

对朝阳镇老仓凹台区负线损情况进行分析。该台区覆盖率100%、采集成功率98%，台区一周以上线损率在18%左右，用电信息采集系统核查考核表倍率与营销系统一致，都是15倍，召测考核表电压、电流、反向有功都正常。但该台区有三块电能表一直未抄通，牛××（7290003980）、王××（7290075558）、秦××（7290040545），其中一户还是一块三相表。

三、现场治理

对此台区进行现场勘查，发现三户长期不通有两块是方案模块损坏，还有一块是现场更换电能表未及时走信息档案流程。对模块损坏的那两户现场更换模块，对未走流程用户督促供电所尽快处理。

四、治理结果

经过现场技术支持组对现场三户的治理后，监控小组跟踪台区同期线损合格率指标变化情况，7 月 25 日，朝阳镇老仓凹台区线损率已降到 10% 以内，如表 2 所示。

表 2　　　　　　　　　治理后线损情况统计表

日期	考核单元名称	供电量(kWh)	售电量(kWh)	线损量(kWh)	线损率	线损类型	采集覆盖率	采集成功率
7 月 25 日	朝阳镇老仓凹台区	393	357	36	9.16%	正常	100.00%	100.00%
7 月 26 日	朝阳镇老仓凹台区	396	357	39	9.85%	正常	100.00%	100.00%
7 月 27 日	朝阳镇老仓凹台区	263	239	24	9.13%	正常	100.00%	100.00%

 **案例 3-4**　**采集因素——采集未覆盖**

×××市展岗配变顿岗台区

（2017 年 8 月 1 日）

一、数据监控

监控小组通过用电信息采集系统监测展岗配变顿岗台区线损异常。该台区低压用户 96 户，日供电量 660kWh 左右，售电量 550kWh 左右，每天损失电量约 110kWh，造成台区线损率达 17%，高于 0～10% 的合格区间。查看用电信息采集系统一周线损数据，展岗配变顿岗台区线损长期为 17% 左右，分别如图 1 和表 1 所示。

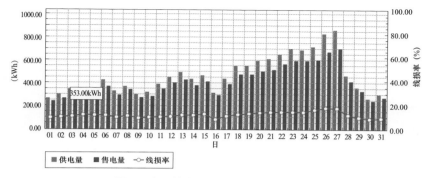

图 1　治理前台区日线损率变化统计图

表 1　治理前台区线损率变化情况

日期	考核单元名称	供电量（kWh）	售电量（kWh）	线损量（kWh）	线损率	线损类型	采集覆盖率	采集成功率
7 月 27 日	展岗配变顿岗台区	857	704	153	17.85%	高损	98.96%	100.00%
7 月 26 日	展岗配变顿岗台区	824	676	148	17.96%	高损	98.96%	100.00%
7 月 25 日	展岗配变顿岗台区	715	601	114	15.94%	高损	98.96%	100.00%
7 月 24 日	展岗配变顿岗台区	685	589	96	14.01%	高损	98.96%	100.00%
7 月 23 日	展岗配变顿岗台区	692	591	101	14.06%	高损	98.96%	100.00%

二、技术分析

对展岗配变顿岗台区高线损情况进行分析。该台区覆盖率 98.96%、采集成功率 100%，台区一周线损率在 17% 以上，后台核查总表倍率与营销系统无误，召测台区考核表及用户表情况，发现考核表数据正常，部分用户表显示召测失败和终端有回码数据无效，考虑可能是现场用户表问题，建议现场排查与整改。

三、现场治理

对此台区进行现场勘查，发现台区部分表计未更换智能表，现场存在老式电子表和卡表，通知供电所台区负责人进行换表。完成后，台区采集覆盖率 100%。

四、治理结果

经过现场技术支持组治理后，监控小组跟踪台区同期线损合格率指标变化情况，7 月 29 日，展岗配变顿岗台区线损率已降到 10% 以内。跟踪图表如图 2 和表 2 所示。

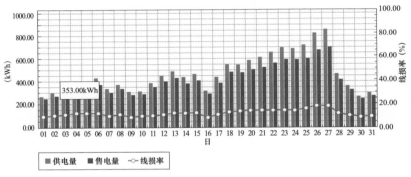

图 2　治理后台区日线损率变化统计图

表 2　　　　　　　　治理后线损情况统计表

日期	考核单元名称	供电量（kWh）	售电量（kWh）	线损量（kWh）	线损率	线损类型	采集覆盖率	采集成功率
7 月 31 日	展岗配变顿岗台区	298	298	298	9.06%	正常	100.00%	100.00%
7 月 30 日	展岗配变顿岗台区	263	263	22	8.37%	正常	100.00%	100.00%
7 月 29 日	展岗配变顿岗台区	358	324	34	9.50%	正常	100.00%	100.00%

第四章

"黑户"和"虚户"因素案例

 **案例 4-1** 配电房设备未装表直接用电

×××市农业路十箱线损台区治理

（2018 年 7 月 19 日）

一、数据监控

监控小组通过用电信息采集系统监测农业路十箱线损异常。该台区低压用户 44 户，日均供电量 448kWh 左右，售电量 288kWh 左右，日均损失电量约 160kWh，造成台区线损率达 35.71%，远高于 0~10%的合格区间。查看用电信息采集系统一月线损数据，农业路十箱台区线损长期为 36.73%左右，如图 1 所示。

二、技术分析

对农业路十箱台区高损情况进行分析。该台区覆盖率 100%、采集成功率 100%，台区一月以上线损率在 36.73%以上，后台核查

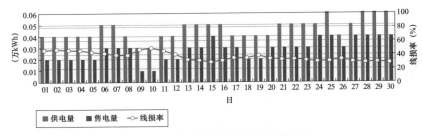

图 1　治理前台区日线损率变化统计图

倍率无误，召测考核表电压、电流、反向有功、功率因数均正常，需现场人员核查是否存在户变挂接错误或者无表用电现象。

三、现场治理

对此台区进行现场勘查，发现户变关系正确，配电房设备用于降温空调和照明白炽灯未安装电能表进行电量计量。

四、治理结果

经过现场技术支持组配发工单到台区责任单位，现场及时装表计量。监控小组跟踪台区同期线损合格率指标变化情况，7月3日，农业路十箱台区线损率已降到10%以内。跟踪图表如图 2 和表 1 所示。

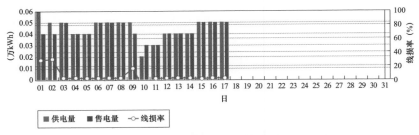

图 2　治理后台区线损率变化统计图

表1 治理后线损情况统计表

日期	考核单元名称	供电量（kWh）	售电量（kWh）	线损量（kWh）	线损率	线损类型	采集覆盖率	采集成功率
7月3日	农业路十箱	528	519.04	8.96	1.7%	正常	100.00%	100.00%
7月4日	农业路十箱	401.6	393.73	7.87	1.96%	正常	100.00%	100.00%
7月5日	农业路十箱	408	401.59	6.41	1.57%	正常	100.00%	100.00%
7月6日	农业路十箱	491.2	483.23	7.97	1.62%	正常	100.00%	100.00%

 案例 4-2 **广电设备用电未装表计量**

×××市花园三箱线损台区治理

（2018年6月19日）

一、数据监控

监控小组通过用电信息采集系统监测花园三箱线损异常。该台区低压用户 221 户，日均供电量 2416kWh 左右，售电量 1718kWh 左右，日均损失电量约 698kWh，造成台区线损率达 28.90%，远高于 0～10% 的合格区间。查看用电信息采集系统一月线损数据，花园三箱台区线损长期为 28.74% 左右，如图 1 所示。

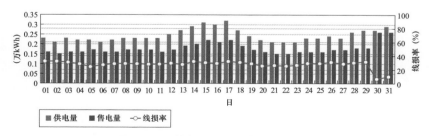

图1 治理前台区日线损率变化统计图

二、技术分析

对花园三箱台区高损情况进行分析，该台区覆盖率 100%、采集成功率 100%，台区一月以上线损率在 28.74%以上，后台核查考核表倍率无误，召测考核表电压、电流、反向有功、功率因数均正常，需现场人员核查是否存在户变挂接错误或者无表用电现象。

三、现场治理

对此台区进行现场勘查，发现户变关系正确，该台区几个新装的广电信号放大器未安装电能表进行电量计量。

四、治理结果

经过现场技术支持组配发工单到台区责任单位，现场及时装表计量。监控小组跟踪台区同期线损合格率指标变化情况，6 月 15 日，花园三箱台区线损率已降到 10%以内。跟踪图表如图 2 和表 1 所示。

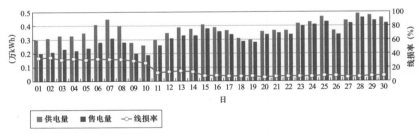

图 2　治理后台区线损率变化统计图

表 1　　　　　　治理后线损情况统计表

日期	考核单元名称	供电量(kWh)	售电量(kWh)	线损量(kWh)	线损率	线损类型	采集覆盖率	采集成功率
6 月 15 日	花园三箱	4078.4	3794.52	283.88	6.96%	正常	100.00%	100.00%
6 月 16 日	花园三箱	3907.2	3621.67	285.53	7.31%	正常	100.00%	100.00%

日期	考核单元 名称	供电量 (kWh)	售电量 (kWh)	线损量 (kWh)	线损率	线损 类型	采集 覆盖率	采集 成功率
6月17日	花园三箱	3678.4	3434.85	243.55	6.62%	正常	100.00%	100.00%
6月18日	花园三箱	3073.6	2861.78	211.82	6.89%	正常	100.00%	100.00%

 案例 4-3　台区存在"黑户"

×××县郭村 5 台区线损异常治理

（2018 年 6 月 30 日）

一、数据监控

监控小组通过用电信息采集系统监测郭村 5 台区线损异常。该台区 3 月 31 日采集成功率 100%，覆盖率 100%，日供电量 200.8kWh，售电量 175.01kWh，线损量 25.79kWh，线损率 12.84%，月累计线损率 8.20%。郭村 5 台区日线损率不合格，如表 1 所示。

表 1　　　　　　　　治理前台区线损率变化情况

日期	考核单元 名称	供电量 (kWh)	售电量 (kWh)	线损量 (kWh)	线损率	线损 类型	采集 覆盖率	采集 成功率
3月30日	郭村5	190.4	165.64	24.76	13%	高损	100%	100%
3月31日	郭村5	200.8	175.01	25.79	12.84%	高损	100%	100%
4月1日	郭村5	205.6	157.88	47.72	23.21%	高损	100%	96%
4月2日	郭村5	243.2	206.37	36.83	15.14%	高损	100%	100%

二、技术分析

1. 月累计线损率异常分析

该台区 2018 年 3 月线损率 8.20%，2018 年 4 月线损率 5.61%，

2018 年 5 月线损率 4.36%。2018 年 3 月 30 日、3 月 31 日、4 月 1 日、4 月 2 日高损，造成了台区 3、4 月累计线损过高。

2. 日线损率异常分析

系统分析：经采集系统查询，考核表电压、电流、功率因数正常；核对考核表与三相用户互感器倍率，用电信息采集系统与营销系统一致；查询该台区无电能表开盖事件；台区考核表互感器倍率 80，与现场系统一致；查询用户用电量明细，24 户有用电量，系统核对档案计量点正常。

三、现场治理

进行现场排查，发现实际用电户 25 户，与系统档案不符，1 户现场表计未接入采集系统。

四、治理结果

经过现场技术支持组分析后，发送工单到责任单位，责任单位根据表计资产号在营销系统立户并走完相关流程。该户用电量加入后线损正常，如表 2 所示。管理部门根据相关的奖惩规定对责任人进行考核。

表 2 治理后台区线损率变化情况

日期	考核单元名称	供电量(kWh)	售电量(kWh)	线损量(kWh)	线损率	线损类型	采集覆盖率	采集成功率
4 月 4 日	郭村 5	184.8	182.42	2.38	1.29%	正常	100%	100%
4 月 5 日	郭村 5	104.8	102.09	2.71	2.59%	正常	100%	100%
4 月 6 日	郭村 5	225.6	220.66	4.94	2.19%	正常	100%	100%
4 月 7 日	郭村 5	248	243.77	4.23	1.71%	正常	100%	100%
4 月 8 日	郭村 5	293.6	287.27	6.33	2.16%	正常	100%	100%

第五章
大电量用户因素案例

 **案例 5-1** 用户电量突增引起表计计量误差

×××市金港小区线 2 号配变线损台区治理

（2018 年 6 月 27 日）

一、数据监控

监控小组通过用电信息采集系统监测金港小区线 2 号配变线损异常。该台区低压用户 113 户，日均供电量 709kWh 左右，售电量 391kWh 左右，日均损失电量约 318kWh，造成台区线损率达 44.85%，远高于 0～10%的合格区间。查看用电信息采集系统一月线损数据，金港小区线 2 号配变台区线损长期为 45.28%左右，如图 1 所示。

二、技术分析

对金港小区线 2 号配变高损情况进行分析，该台区覆盖率

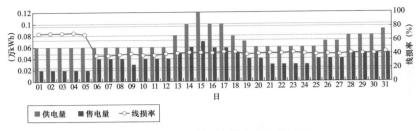

图 1　治理前台区日线损率变化统计图

100%、采集成功率 100%，台区一月以上线损率在 45.28% 以上，后台核查倍率无误，召测考核表电压、电流、反向有功、功率因数均正常，需现场人员核查是否存在户变挂接错误或者无表用电等异常现象。

三、现场治理

对此台区进行现场勘查，该台区总表校验排查无异常，无户变挂接错误，不存在无表用电。初步判断到户电能表计量出现问题，后根据用户用电量信息比对，缩小排查范围。经过现场排查发现两动力用户电量突增，该用户是直接接入式三相表 5（60）A，严重超负荷用电，最高负荷电流达到 160A。对该用户用电容量进行核查，发现该用户属于超容用电。该电能表过载 2.7 倍，一般为负误差超差，少计电量。

四、治理结果

经过现场技术支持组派发工单，由供电营业单位对该用户进行电量追缴并启动扩容流程（加装互感器等），监控小组跟踪该台区扩容后台区同期线损合格率指标变化情况，6 月 23 日金港小区线 2 号配变台区线损率已降到 10% 以内。跟踪图表如图 2 和表 1所示。

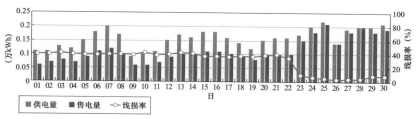

图 2 治理后台区线损率变化统计图

表 1 治理后线损情况统计表

日期	考核单元名称	供电量 （kWh）	售电量 （kWh）	线损量 （kWh）	线损率	线损类型	采集覆盖率	采集成功率
6 月 23 日	金港小区线 2 号配变	1669	1505.73	163.27	9.78%	正常	100.00%	100.00%
6 月 24 日	金港小区线 2 号配变	1972	1847.9	124.1	6.29%	正常	100.00%	100.00%
6 月 25 日	金港小区线 2 号配变	2201	2095.23	105.77	4.81%	正常	100.00%	100.00%
6 月 26 日	金港小区线 2 号配变	1449	1402.78	46.22	3.19%	正常	100.00%	100.00%

 案例 5-2 **营销系统三相动力用户倍率与现场不一致**

×××市烟墩台区治理

（2017 年 7 月 23 日）

一、数据监控

监控小组通过用电信息采集系统监测烟墩台区线损异常。该台区低压用户 239 户，日供电量 2363kWh 左右，售电量 1225kWh 左右，每天损失电量约 1138kWh，造成台区线损率达 48.16%，远高于 0～10%的合格区间。查看用电信息采集系统 6 月该台区线损数据，烟墩台区线损长期为 70%左右，如图 1 和表 1 所示。

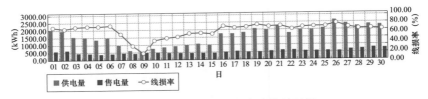

图 1　治理前台区日线损率变化统计图

表 1　　　　　治理前台区线损率变化情况

日期	考核单元名称	供电量（kWh）	售电量（kWh）	线损量（kWh）	线损率	线损类型	采集覆盖率	采集成功率
7 月 10 日	烟墩	1322	941	381	28.82%	高损	99.58%	99.58%
7 月 11 日	烟墩	1212	1004	208	17.16%	高损	99.58%	99.58%
7 月 12 日	烟墩	2363	1225	1138	48.16%	高损	99.58%	100.00%
7 月 13 日	烟墩	2486	1348	1138	45.78%	高损	99.58%	100.00%
7 月 14 日	烟墩	1832	1220	612	33.41%	高损	99.58%	100.00%
7 月 15 日	烟墩	1025	754	271	26.44%	高损	99.58%	100.00%

二、技术分析

对该台区高线损情况进行分析，该台区覆盖率 99.58%、采集成功率 100%，未实现采集电能表查询营销系统没有电量；查询台区考核表电压电流曲线无异常，参考连续多日供售电量变化情况判断考核表倍率 60 无异常，营销系统与用电信息采集系统一致，台区动力表 25 块，倍率均为 1，营销系统与用电信息采集系统一致。

通过观察分析发现，7 月 12 日和 13 日线损率较 10 日和 11 日突增，初步判断台区下动力表存在实际倍率不为 1 的表计，需现场核实。

三、现场治理

通过对此台区动力表进行现场勘查，存在以下 14 户带互感器倍率的表计，如表 2 所示，且其中 13 户均有电量。低压户表倍率系统与现场不符造成台区高损。通过调整这些表计在营销系统的倍率，该台区线损已降低至 5.39%以下。

表 2　　　　　　　　烟墩台区三相动力用户明细

台区编码	台区名称	用户编号	用户名称	电表资产号	综合倍率
N7750000489	烟墩台区	5144234090	周××	010017354058	15
N7750000489	烟墩台区	5144234120	王××	010017879809	30
N7750000489	烟墩台区	5144234188	包××	4130001000000189871199	10
N7750000489	烟墩台区	5144234162	王××	4130001000000189872424	15
N7750000489	烟墩台区	5144234218	梁××	4130001000000386020659	30
N7750000489	烟墩台区	5144234133	王××	010017879748	30
N7750000489	烟墩台区	5144234146	包××	4130001000000189872288	10
N7750000489	烟墩台区	5144234205	张××	4130001000000386018229	30
N7750000489	烟墩台区	5144234159	包××	4130001000000386020161	30
N7750000489	烟墩台区	5144234175	张×	010017354056	30
N7750000489	烟墩台区	5144234117	张××	010017879812	10
N7750000489	烟墩台区	5144234191	包×	4130001000000189871182	30
N7750000489	烟墩台区	5144234087	包××	010017879747	10
N7750000489	烟墩台区	5144234104	王×	010017879813	10

四、治理结果

现场核实了用户互感器倍率档案信息与系统的不一致性问题，经过技术支持组的治理后，监控小组跟踪台区同期线损合格率指标变化情况，7 月 18 日，烟墩台区线损率已降到 10%以内。跟踪图表如图 2 和表 3 所示。

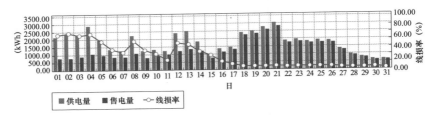

图2　治理后台区日线损率变化统计图

表3　　　　　　　　　　治理后线损情况统计表

日期	考核单元	供电量（kWh）	售电量（kWh）	线损量（kWh）	线损率	线损类型	采集覆盖率	采集成功率
7月18日	烟墩	2405	2263	142	5.90%	正常	100.00%	99.58%
7月19日	烟墩	2484	2337	147	5.92%	正常	100.00%	99.58%
7月20日	烟墩	2759	2589	170	6.16%	正常	100.00%	99.58%
7月21日	烟墩	3019	2831	188	6.23%	正常	100.00%	99.58%
7月22日	烟墩	1942	1824	118	6.08%	正常	100.00%	99.58%

第六章

窃电因素案例

 **案例 6-1** **三相动力用户表尾接线虚接窃电**

×××市××台区治理

（2017 年 12 月 30 日）

一、数据监控

监控小组通过用电信息采集系统监测到××台区线损异常。截至 2017 年 11 月 28 日，该台区低压用户 183 户，日供电量 1332.8kWh 左右，售电量 1186.29kWh 左右，每天损失电量约 146.51kWh，造成台区线损率达 10.99%，高于 0～10% 的合格区间。查看用电信息采集系统一周左右线损数据，该台区线损率长期为 12% 左右，如图 1 和表 1 所示。

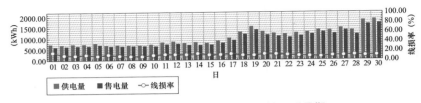

图 1　治理前台区日线损率变化统计图日期

表 1　　　　　　　　　　治理前台区日线损率变化情况

日期	供电量（kWh）	售电量（kWh）	线损量（kWh）	线损率	线损类型	采集覆盖率	采集成功率
11 月 28 日	1332.8	1186.29	146.51	10.99%	高损	100.00%	100.00%
11 月 27 日	1339.2	1167.56	171.64	12.82%	高损	100.00%	100.00%
11 月 26 日	1206.4	1047.22	159.18	13.19%	高损	100.00%	100.00%
11 月 25 日	1238.4	1054.09	184.31	14.88%	高损	100.00%	100.00%
11 月 24 日	1233.6	1078.31	155.29	12.59%	高损	100.00%	100.00%
11 月 23 日	1276.8	1122.2	154.6	12.11%	高损	100.00%	100.00%

二、技术分析

按照"五步法"对台区线损情况进行系统分析。该台区覆盖率 100.00%、采集成功率 100.00%。台区一周以上线损率在 12% 左右（11 月 23～28 日）。

三、现场治理

11 月 30 日，对此台区按照"五步法"进行系统分析，开展现场排查治理，该台区 183 户电能表全部采集成功，但系统显示却是高损，现场技术支持人员在 11 月 30 日对该台区进行全面核查，发现 1 户用电户的计量装置异常，一户三相互感器用户 B 相电流线出线接线松动，电能表箱无锁具，接线端子盒无封印，如图 2 所示，此用户表计 B 相不计量，导致此用户表计少计量，少缴电费，怀疑此用户窃电。台区营业单位启动了反窃电流程。治理之后线损明显下降，线损合格。

图2 现场安装照片

四、治理结果

待窃电处理完成后，恢复正确接线，电能表运行正常。监控小组跟踪台区同期线损合格率指标变化情况，12月1日，台区线损率已降到10%以内，现场用电更加规范，该台区已完成线损排查治理，跟踪图表如图3和表2所示。

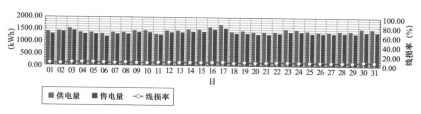

图3 治理后台区日线损率变化统计图

表2 治理后线损情况统计表

日期	供电量（kWh）	售电量（kWh）	线损量（kWh）	线损率	线损类型	采集覆盖率	采集成功率
12月7日	1360	1276.14	83.86	6.17%	正常	100.00%	100.00%

续表

日期	供电量 （kWh）	售电量 （kWh）	线损量 （kWh）	线损率	线损 类型	采集 覆盖率	采集 成功率
12月6日	1304	1228.54	75.46	5.79%	正常	100.00%	100.00%
12月5日	1368	1267.92	100.08	7.32%	正常	100.00%	100.00%
12月4日	1360	1267	93	6.84%	正常	100.00%	100.00%
12月3日	1528	1430	98	6.41%	正常	100.00%	100.00%
12月2日	1436	1369	67	4.67%	正常	100.00%	100.00%
12月1日	1368	1291	77	5.63%	正常	100.00%	100.00%

 案例 6-2 **外接线窃电**

×××市××配电台区治理

（2017 年 12 月 31 日）

一、数据监控

监控小组通过用电信息采集系统监测××配电台区线损异常。截至 2017 年 11 月 28 日，该台区低压用户 178 户，日供电量 992kWh 左右，售电量 881.93kWh 左右，每天损失电量约 110.07kWh，造成台区线损率达 11.10%，高于 0~10% 的合格区间。查看用电信息采集系统一周左右线损数据，该台区线损率长期为 11% 左右，如图 1 和表 1 所示。

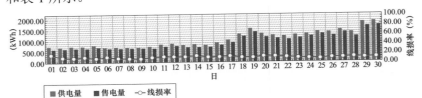

图 1　治理前台区日线损率变化统计图

表1 治理前台区线损率变化情况

日期	供电量（kWh）	售电量（kWh）	线损量（kWh）	线损率	线损类型	采集覆盖率	采集成功率
11月28日	992	881.93	110.07	11.1%	高损	100.00%	100.00%
11月27日	984	858.72	125.28	12.73%	高损	100.00%	100.00%
11月26日	984	872.95	111.05	11.29%	高损	100.00%	100.00%
11月25日	976	839.21	136.79	14.02%	高损	100.00%	100.00%
11月24日	1080	935.47	144.53	13.38%	高损	100.00%	100.00%
11月23日	1104	975.61	128.39	11.63%	高损	100.00%	100.00%
11月22日	984	864.64	119.36	12.13%	高损	100.00%	100.00%

二、技术分析

按照"五步法"对台区线损情况进行系统分析。该台区覆盖率100.00%、采集成功率100.00%，台区一周以上线损率在11%左右（11月22~28日）。

三、现场治理

11月30日，对此台区按照"五步法"进行系统分析，开展现场排查治理，该台区178户电能表全部采集成功，但系统显示却是高损。11月30日，现场技术支持人员进驻该台区进行全面核查，发现1户用户的计量装置异常，在计量装置安装处有一只智能电能表和一只非智能电能表，该智能表在营销系统中为该用户的计费电能表，可以正常采集，该用户实际接入非智能表计用电。智能电能表从非智能电能表处取得电源，且接入小负载只有小电量计量，造成系统内的智能电能表少计量，初步判断此用户窃电，此台区营业单位启动了反窃电流程。

四、治理结果

待窃电处理完成后，拆除非智能电能表，规范接线，智能电能表运行正常。监控小组跟踪台区同期线损合格率指标变化情况，12月1日，台区线损率已降到10%以内，现场用电更加规范，该台区已完成线损排查治理，线损明显下降，线损合格。跟踪图表如图2和表2所示。

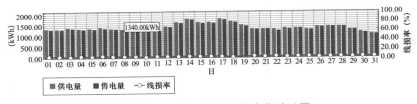

图2　治理后台区日线损率变化统计图

表2　　　　　　　治理后线损情况统计表

日期	供电量（kWh）	售电量（kWh）	线损量（kWh）	线损率	线损类型	采集覆盖率	采集成功率
12月7日	1072	1049.65	22.35	2.08%	正常	100.00%	100.00%
12月6日	1140	1115.01	24.99	2.19%	正常	100.00%	100.00%
12月5日	1276	1253.29	22.71	1.78%	正常	100.00%	100.00%
12月4日	1264	1229.21	34.79	2.75%	正常	100.00%	100.00%
12月3日	1284	1245.75	38.25	2.98%	正常	100.00%	100.00%
12月2日	1256	1225.95	30.05	2.39%	正常	100.00%	100.00%
12月1日	1284	1252.04	31.96	2.49%	正常	100.00%	100.00%

 **电能表开盖改表窃电**

×××市××变压器台区治理

（2017 年 10 月 30 日）

一、数据监控

监控小组通过用电信息采集系统监测到××变压器台区线损异常。截至 2017 年 9 月 21 日，该台区低压用户 215 户，日供电量 1577kWh 左右，售电量 1003kWh 左右，每天损失电量约 574kWh，造成台区线损率达 36.40%，远高于 0～10%的合格区间。查看用电信息采集系统一周左右线损数据，该变压器台区线损率长期为 30.00%左右，如图 1 和表 1 所示。

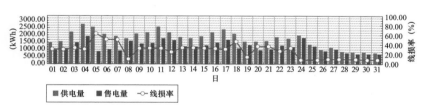

图 1　治理前台区日线损率变化统计图

表 1　　　　　　治理前台区线损率变化情况

日期	供电量 （kWh）	售电量 （kWh）	线损量 （kWh）	线损率	线损 类型	采集 覆盖率	采集 成功率
9 月 16 日	1577	1003	574	36.40%	高损	100.00%	100.00%
9 月 17 日	1501	944	557	37.11%	高损	100.00%	100.00%
9 月 18 日	1505	1296	209	13.89%	高损	100.00%	100.00%
9 月 19 日	2054	1076	978	47.61%	高损	100.00%	100.00%

日期	供电量（kWh）	售电量（kWh）	线损量（kWh）	线损率	线损类型	采集覆盖率	采集成功率
9月20日	2342	1632	710	30.32%	高损	100.00%	100.00%
9月21日	2156	1466	690	32.00%	高损	100.00%	100.00%

二、技术分析

按照"五步法"对该变压器台区线损情况进行系统分析。该台区覆盖率 100.00%、采集成功率 100.00%，台区一周以上线损率在 30%左右（9月16~21日）。

三、现场治理

9月23日，对此台区按照"五步法"进行系统分析，开展现场排查治理，该台区 215 户电能表全部采集成功，但系统显示却是高损，现场技术支持人员在9月23日进驻该台区进行全面核查，发现 2 只带互感器的三相电能表的计量电流值均小于检测电流值（约小于 50%），经用电信息采集系统和手持终端查询，这 2 只三相电能表均有开盖记录，如图 2 和图 3 所示，随后判断这两户用户窃电，此台区营业单位启动了反窃电流程。

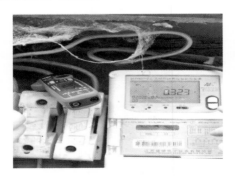

图 2 现场检查照片 1

图 3 现场检查照片 2

四、治理结果

经过现场治理后，监控小组跟踪台区同期线损合格率指标变化情况，10 月 1 日，台区线损率已降到 10%以内，台区线损恢复正常，跟踪图表如图 4 和表 2 所示。

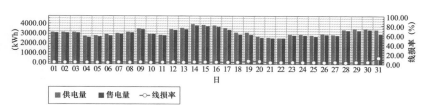

图 4 治理后台区日线损率变化统计图

表 2 治理后线损情况统计表

日期	供电量（kWh）	售电量（kWh）	线损量（kWh）	线损率	线损类型	采集覆盖率	采集成功率
10 月 1 日	2013	1967.91	45.09	2.24%	正常	100.00%	100.00%
10 月 2 日	1982	1927.50	54.51	2.75%	正常	100.00%	100.00%
10 月 3 日	1799	1748.99	50.01	2.78%	正常	100.00%	100.00%
10 月 4 日	2052	2009.32	42.68	2.08%	正常	100.00%	100.00%
10 月 5 日	1897	1840.47	56.53	2.98%	正常	100.00%	100.00%

续表

日期	供电量 （kWh）	售电量 （kWh）	线损量 （kWh）	线损率	线损 类型	采集 覆盖率	采集 成功率
10 月 6 日	1925	1876.68	48.32	2.51%	正常	100.00%	100.00%
10 月 7 日	1914	1869.02	44.98	2.35%	正常	100.00%	100.00%

 **案例 6-4** **通过在载波模块插槽底部开孔改表窃电**

×××市××配变台区治理

（2017 年 11 月 30 日）

一、数据监控

监控小组通过用电信息采集系统监测到××配变台区线损异常。截至 2017 年 11 月 10 日，该台区低压用户 259 户，日供电量 611kWh 左右，售电量 391kWh 左右，每天损失电量约 220kWh，造成台区线损率达 36.01%，远高于 0~10% 的合格区间。查看用电信息采集系统一周线损数据，该配变台区线损率长期为 30.00% 左右，如图 1 和表 1 所示。

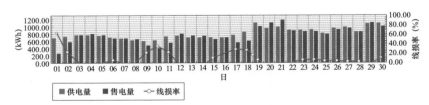

图 1　治理前台区日线损率变化统计图

表 1　　　　　治理前台区线损率变化情况

日期	供电量 （kWh）	售电量 （kWh）	线损量 （kWh）	线损率	线损 类型	采集 覆盖率	采集 成功率
11 月 8 日	748	609	139	18.58%	高损	100.00%	99.58%

续表

日期	供电量（kWh）	售电量（kWh）	线损量（kWh）	线损率	线损类型	采集覆盖率	采集成功率
11月9日	730	569	161	22.05%	高损	100.00%	99.62%
11月10日	611	391	220	36.01%	高损	100.00%	99.61%
11月11日	598	469	129	21.57%	高损	100.00%	99.74%
11月12日	626	486	140	22.36%	高损	100.00%	99.47%

二、技术分析

按照"五步法"对台区线损情况进行系统分析，该台区覆盖率 100.00%、采集成功率 99.61%（用户名陈××、用户编号 0010653249，采集失败），台区一周以上线损率在 20% 左右（11 月 8～12 日）。

三、现场治理

11 月 12 日，对此台区按照"五步法"进行系统分析，开展现场排查治理，该台区有 1 户无法实现采集，经过运维人员调通后，系统显示依然高损，现场技术支持人员在 11 月 13 日进驻该台区进行全面核查，发现 30 只电能表的计量电流值均小于检测电流值（有的约小于 90%），但是经用电信息采集系统和手持终端查询，这 30 只电能表均未查到开盖记录，将其中一只电能表拆回检查发现，其模块下方被开孔，电能表内部线路已经被改动，如图 2 所示，造成

图 2　改表窃电照片

电能表少计量，达到窃电的目的，随后此台区营业单位对这 30 只单相电能表用户启动了反窃电流程。

四、治理结果

待窃电处理完成后，恢复正确接线，电能表运行正常。监控小组跟踪台区同期线损合格率指标变化情况，11 月 16 日，该配变台区线损率已降到 10%以内，线损合格，如表 2 所示。

表 2　　　　　　　　台区治理后情况统计表

日期	供电量 （kWh）	售电量 （kWh）	线损量 （kWh）	线损率	线损 类型	采集 覆盖率	采集 成功率
11 月 17 日	748	689	59	7.87%	正常	100.00%	99.58%
11 月 18 日	730	686	44	6.03%	正常	100.00%	99.62%
11 月 19 日	611	570	41	6.71%	正常	100.00%	99.61%
11 月 20 日	598	530	58	9.68%	正常	100.00%	99.74%
11 月 21 日	626	576	50	7.98%	正常	100.00%	99.47%

 案例 6-5 **电能表开盖窃电造成台区线损异常**

××市××变压器台区治理

（2017 年 7 月 30 日）

一、数据监控

通过用电信息采集系统监测到城二所下××变压器台区线损异常。该台区低压用户 25 户，日供电量 700kWh 左右，售电量 425kWh，每天损失电量约 275kWh，造成台区线损率达 39%，远高于 0~10%的合格区间，如表 1 所示。

表1 该台区连续数日线损情况统计

时间	营销户数	采集户数	TA	供电量（kWh）	售电量（kWh）	线损量（kWh）	线损率	采集覆盖率	采集成功率
4月23日	25	25	120	728	466	262	35.99%	96.15%	96.00%
4月24日				722	440	282	39.06%	96.15%	96.00%
4月25日				691	426	265	38.35%	100.00%	96.15%
4月26日				752	454	298	39.63%	100.00%	100.00%

二、技术分析

技术支持小组对台区进行异常档案分析，梳理考核表及低压户表计量档案信息，保证营销系统、用电信息采集系统、现场三套档案一致，并对该台区终端通过采集主站系统下发全事件参数，上报台区下所有开表盖记录异常事件，提取疑似窃电用户。

通过用电信息采集系统"电表全事件查询"功能，发现2户电能表有开盖记录，电能表1于2016年12月28日2时11分33秒开盖，开盖时长29分57秒；电能表2于2016年12月30日21时32分36秒开盖，开盖时长29分51秒。两只表计开盖时间较长，存在较大的开表窃电嫌疑，需进一步进行现场排查确认，监测低压用户零火线电流数据情况。

三、现场治理

反窃电小组通过技术支持小组在后台提取疑似窃电用户明细及原因分析，携带专业工具前往现场排查核实并进行问题定位。

针对存在开表盖记录疑似窃电用户现场核实，根据表计脉冲灯闪烁，估算表计用电情况，并用钳形电流表测量表计三相电流，与显示屏轮显值对比，测量值是轮显值的三倍多。现场拆开表计进行检查，发现表计内部加装电子设备、用铜丝相连，证实窃电情况。如图1所示。

图1 表计内部窃电图

经过对该台区开展反窃电工作，现场共查实窃电用户2户，共计追补电量数十万 kWh，合计追回违约电费约18万元；台区下两个问题表计已经更换，线损恢复正常。

四、治理结果

经过现场治理后，监控小组跟踪台区同期线损合格率指标变化情况，11月19日，台区线损率已降到10%以内，如图2所示。

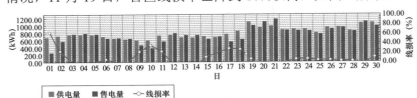

图2 治理后线损情况统计图

案例 6-6 无表窃电造成台区高损

×××市××开发区台区线损治理

（2018 年 7 月 19 日）

一、数据监控

监控小组通过用电信息采集系统监测到××开发区台区线损异常。该台区低压用户 7 户，日供电量 1223kWh 左右，售电量 304kWh 左右，每天损失电量约 919kWh，造成台区线损率达 66.23%，远高于 0～10%的合格区间。查看用电信息采集系统一周线损数据，台区月度线损率与日线损率均不合格，如表 1 所示。

表 1　　　　　　　　治理前台区日线损率变化统计表

日期	供电量（kWh）	售电量（kWh）	线损量（kWh）	线损率	线损类型	采集覆盖率	采集成功率
4 月 20 日	1160	353.34	806.66	69.54%	高损	100.00%	100.00%
4 月 21 日	1128	355.44	772.56	68.49%	高损	100.00%	100.00%
4 月 22 日	1169	371.15	797.85	68.25%	高损	100.00%	100.00%
4 月 23 日	1225	395.77	829.23	67.69%	高损	100.00%	100.00%
4 月 24 日	1247	414.5	832.5	66.76%	高损	100.00%	100.00%

二、技术分析

对该台区高线损情况进行分析。该台区覆盖率 100%、采集成功率 100%，查询台区考核表电压电流曲线无异常，参考连续多日台区供售电量变化情况判断考核表倍率 100 无异常，营销系统与用电信息采集系统一致。

通过观察分析发现，该台区线损量较大，且考核表计与用户档案未出现问题，初步怀疑现场有表外接线，临时用电或"黑户"存在，需现场核实。

三、现场治理

通过对此台区用户计量表进行现场勘查，发现该台区存在 1 户无表计计量的情况，私自接电使用，且用电量较大，严重影响台区线损。已通过稽查队对其进行处理，并加装计量表计，调整台区用户档案。

四、治理结果

经过现场技术支持组现场对表计的治理后，监控小组跟踪台区同期线损合格率指标变化情况，5 月底，该本台区线损合格，数据恢复正常。跟踪图表如图 1 和表 2 所示。

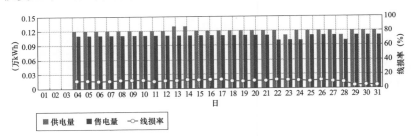

图 1　治理后台区日线损率变化统计图

表 2　　　　　　　　治理后线损情况统计表

日期	供电量 （kWh）	售电量 （kWh）	线损量 （kWh）	线损率	线损 类型	采集 覆盖率	采集 成功率
5 月 27 日	1180	1069.48	110.52	9.37%	正常	100.00%	100.00%
5 月 28 日	1073	982.97	90.03	8.39%	正常	100.00%	100.00%
5 月 29 日	1165	1124.28	40.72	3.5%	正常	100.00%	100.00%
5 月 30 日	1167	1119.82	47.18	4.04%	正常	100.00%	100.00%
5 月 31 日	1176	1129.87	46.13	3.92%	正常	100.00%	100.00%

附录 A　名　词　解　释

台区：指一台或一组变压器的供电范围或区域。

台区线损：台区配电网在输送和分配电能的过程中，由于配电线路及配电设备存在阻抗，电流流过时会产生一定数量的有功功率损耗。在给定的时间段（日、月、季、年）内，所消耗的全部电量称为线损电量。台区线损电量 = 台区供电量 – 台区用电量。从管理的角度分为技术线损和管理线损。

台区线损率：台区线损率 =（台区线损电量/台区供电量）× 100%。

台区供电量：台区供电量 = 台区考核表正向电量 + 光伏用户上网电量。

台区用电量：台区用电量 = 考核表反向电量 + 普通用户用电量 + 光伏用户用电量 + 其他（无表用户电量、业务变更电量、退补电量等）。

相电压、线电压：三相电路中每个相两端（头尾之间）的电压称为相电压。任意两根端线间（相与相间）的电压称为线电压。

相电流、线电流：三相电路中流过每一相绕组或负载的电流称为相电流。流过每根端线的电流称为线电流。

互感器：互感器又称为仪用变压器，是电流互感器和电压互感器的统称，能将高电压变成低电压、大电流变成小电流，用于测量或保护系统。TA：代表电流互感器。电流互感器是将一次接线系统的大电流换成标准等级的小电流，向二次测量、控制与调节装置及仪表提供电流信号的装置。TA 变比指电流互感器的大电流与转换后的小电流数值的比值。TV：代表电压互感器。电压互感器是将一次接线系统的高电压换成标准等级的低电压，向二次测量、控制与调节装置及仪表提供电压信号的装置。TV 变比指电压互感器的高电压与转换后的低电压数值的比值。

综合倍率：综合倍率＝TA 变比×TV 变比。

缺相：三相电能表在运行过程中，由于接线接触不良等原因造成的 TV 电压丢失或低于某一电压值（但不为零）的现象称为缺相。

断相：指三相电能表在运行过程某相电压、电流为零的现象。

三相电流不平衡率：配电变压器的三相电流不平衡率＝（最大电流−最小电流)/最大电流×100%。各种绕组接线方式变压器的中性线电流限制水平应符合 DL/T 572 相关规定。配电变压器的不平衡度应符合：Yyn0 接线不大于 15%，零线电流不大于变压器额定电流 25%；Dyn11 接线不大于 25%，零线电流不大于变压器额定电流 40%。

高损台区：高损台区是指在某一统计期内台区同期线损率超过管理单位设定指标要求的异常台区。

负损台区：负损台区是指在某一统计期内台区同期线损率低于 0%的异常台区。

不可计算线损台区：不可计算线损台区是指台区因计量故障、采集异常等原因造成供电量为零或空、用电量为空，造成台区线损无法按模型准确计算台区线损率。

分布式电源：指在用户所在场地或附近建设安装、运行方式以用户侧自发自用为主、多余电量上网，且在配电网系统平衡调节为特征的发电设施或有电力输出的能量综合梯级利用多联供设施。包括太阳能、天然气、生物质能、风能、地热能、海洋能、资源综合利用发电（含煤矿瓦斯发电）等。

采集主站：指通过信道对采集设备中的信息采集、处理和管理的设备，及采集系统软件，主站一般指统建的用电信息采集系统主站，简称主站。

集中器：集中器是对低压用户用电信息进行采集的设备，负责收集各采集器或电能表数据，并进行处理存储，同时能和主站或手持设备进行数据交换的设备。

采集器：用于采集多个或单个电能表的电能信息，并可与集中器交换数据的设备。采集器依据功能可分为基本型采集器和简易型采集器。基本型采集器抄收和暂存电能表数据，并根据集中器的命令将存储的数据上传给集中器。简易型采集器直接转发集中器与电能表间的命令和数据。

通信模块：指采集系统主站与采集终端之间、采集终端与采集器、以及采集器/采集终端与电能表之间本地通信的通信单元或通信设备。一般采集器/采集终端与电能表之间的通信单元使用窄带载波、微功率无线或宽带载波等通信方式；采集系统主站与采集终端之间多采用 GPRS/CDMA，230M 以及 4G 等通信方式。

规约：系统中指某种通信规约或数据传输的约定，低压用户抄表子系统中使用的规约有自定义规约和多种电能表规约。

数据冻结：数据冻结是采集终端依照电能表通信规约规定向电能表发送的一条命令，电能表执行该命令后将这一时刻的数据保存在电能表缓存内；采集终端从电能表缓存中读取数据，并把该数据与时标一起封装后存储在采集终端。

临时用电：临时用电是指基建工地、农田基本建设、市政、抗旱、排涝用电等非永久性用电。临时用电期限除经供电企业准许外，一般不得超过六个月。包括无表临时用电和有表临时用电两种计量方式。

窃电：主要指在供电企业的供电设施上，擅自接线用电，绕越供电企业用电计量装置用电，伪造或者开启供电企业加封的用电计量装置封印用电，故意损坏供电企业用电计量装置，故意使供电企业用电计量装置不准或者失效，以及其他未经供电企业允许的盗窃电能行为。

户变关系：指台区所供电用户与台区配变的隶属关系，一个用户内任一个计量点应对应唯一配变，但多电源用户除外。台户关系也称户变关系。

黑户：供电公司营销系统外运行用户（简称"黑户"），是指现场已接电用电但营销系统没有建立相应档案资料的用电客户。

虚户："虚户"是指营销系统建立档案资料，现场不用电客户。"虚户"的主要危害是线损责任人员调节线损，使线损失真。

附录 B　国网××供电企业配电网
低压台区线损排查治理工单

（编号：××××–××–××）

工单类别：（高损、负损、不可计算等）	
供电所：　××供电所	台区名称：
台区编码：	"两率"指标：采集覆盖率××%，采集成功率××%

问题概述：（描述该台区线损异常现状：供电量、售电量、损失电量、线损率等）

系统分析：（根据"五步法"第一步进行分析、描述）

现场核查：（根据"五步法"第三步进行核查、描述）

整改措施：（根据"五步法"第四步进行总结）

治理效果：（根据"五步法"第五步的监控效果对相关指标进行描述）

发起/监控人员：	时间：××××–××–××	电话：
分析人员：	时间：××××–××–××	电话：
台区责任人：	时间：××××–××–××	电话：

附录 C 台区同期线损管理目标责任书

为切实落实公司台区同期线损管理责任制实施方案相关要求，实现年度台区同期线损管理目标值，台区责任人要逐一签订台区同期线损管理目标责任书。

序号	台区编号	台区名称	负责指标（指标后面打√）
1			台区同期线损率□台区采集全覆盖□台区采集全抄通□
2			台区同期线损率□台区采集全覆盖□台区采集全抄通□
3			台区同期线损率□台区采集全覆盖□台区采集全抄通□
4			台区同期线损率□台区采集全覆盖□台区采集全抄通□
5			台区同期线损率□台区采集全覆盖□台区采集全抄通□
6			台区同期线损率□台区采集全覆盖□台区采集全抄通□
7			台区同期线损率□台区采集全覆盖□台区采集全抄通□
8			台区同期线损率□台区采集全覆盖□台区采集全抄通□
9			台区同期线损率□台区采集全覆盖□台区采集全抄通□
10			台区同期线损率□台区采集全覆盖□台区采集全抄通□
11			台区同期线损率□台区采集全覆盖□台区采集全抄通□
12			台区同期线损率□台区采集全覆盖□台区采集全抄通□
13			台区同期线损率□台区采集全覆盖□台区采集全抄通□
14			台区同期线损率□台区采集全覆盖□台区采集全抄通□
15			台区同期线损率□台区采集全覆盖□台区采集全抄通□
16			台区同期线损率□台区采集全覆盖□台区采集全抄通□
17			台区同期线损率□台区采集全覆盖□台区采集全抄通□
18			台区同期线损率□台区采集全覆盖□台区采集全抄通□

序号	台区编号	台区名称	负责指标（指标后面打√）
19			台区同期线损率□台区采集全覆盖□台区采集全抄通□
20			台区同期线损率□台区采集全覆盖□台区采集全抄通□

说明：（1）每人负责 10～20 个台区；

（2）指标包含台区同期线损率、台区采集全覆盖、台区采集全抄通三个指标，不允许一人同时负责三个指标；

（3）台区同期线损率指标目标为达到每月计划值；

（4）台区采集全覆盖目标为 100%；

（5）台区采集全抄通目标为 100%；

（6）考核及奖惩细则详见附录 C。

单位：　　　　　　　　　　　　单位：

单位负责人：　　　　　　　　　台区责任人：

　　年　月　日　　　　　　　　　年　月　日